미니
100배
즐기기

황홀한 석양을 품은 천혜의 휴양지

코타키나발루

한혜원 · 박진주 지음

RHK
알에이치코리아

작가 소개

한혜원

좋아하는 가수 보아의 콘서트를 관람하러 일본으로 훌쩍 떠나곤 하는 철없는 어른이자 하루에도 열댓 번씩 다른 미래를 꿈꾸는 몽상가다. 등 떠밀려 떠난 혼자만의 낯선 홍콩 여행을 계기로 여행에 빠졌다. 이제는 날아가는 비행기만 봐도 가슴이 콩닥거려 아예 이 길로 들어서기로 했다.

저서
《말레이시아 100배 즐기기》, 《필리핀 100배 즐기기》, 《푸켓 100배 즐기기》(알에이치코리아), 《홍콩 · 마카오 셀프트래블》, 《발리 셀프트래블》, 《싱가포르 셀프트래블》, 《도쿄 셀프트래블》(상상출판)

Thanks to

말레이시아는 저에게 특별한 의미가 있는 나라입니다. 필리핀에서 첫 트레이닝을 끝낸 햇병아리였던 저와 박진주 작가가 처음 독립적으로 작업한 나라이기 때문입니다.

제가 처음 작업했던 몇 년 전만 해도 말레이시아는 여행의 불모지로, 찾는 사람이 드물었습니다. 그런데 몇 년이 흘러 말레이시아의 매력이 널리 알려지고, 많은 분이 그곳을 찾는 것을 보니, 어쩐지 뿌듯한 마음이 듭니다.

처음 취재 준비를 하면서 마지막 교정이 끝나는 순간까지 돌이켜 보면 참으로 고마운 분들이 많습니다. 좋은 책을 만들 것이라고 믿고 큰 도움을 주신 수트라 하버 리조트의 허윤주 이사님, 샹그릴라의 정진구 님, 겐팅의 미셸(Michelle), 하얏트의 카리스(Charis), 앤(Ann)을 비롯해 현지 호텔과 레스토랑 관계자님들, 감사합니다.

코타키나발루를 취재할 때 많은 도움을 주신 유쾌하고 매력적인 마리 하우스의 귀여운 커플과 이준이, 취재 여행 내내 함께해준 김주희 님 그리고 언제나 저를 지지하고 응원해 주시는 고 아시아의 정인혜, 이화연, 양해숙, 이미재, 배영미, 윤민정, 이귀영, 정현정 님, 고맙습니다.

박진주

일찌감치 여행의 묘한 매력에 빠져 세계 곳곳을 골목골목 누비고 다녔다. 짧게 가는 여행에 목마름만 더해져 하던 일을 그만두고 본격적으로 여행을 다니기 시작했고, 결국 좋아하는 여행을 업으로 삼는 행운까지 얻게 되었다. 오늘도 'No Travel, No Life!'를 외치며 열심히 사진을 찍고 글을 쓰고 있다.

저서

《말레이시아 100배 즐기기》, 《필리핀 100배 즐기기》(알에이치코리아), 《저스트고 타이완》, 《시크릿 타이베이》, 《시크릿 발리》, 《50만원 해외여행 베스트 코스북》(시공사), 《프렌즈 싱가포르》(중앙북스), 《지금, 홍콩·마카오》(플래닝북스), 《7박 8일 이스탄불》(올)

홈페이지 www.LetterFromLeely.com

Thanks to

다양한 지역을 취재하며 책을 만들었지만 말레이시아는 저에게 특별한 곳입니다. 천혜의 자연환경과 지역별로 다채로운 매력을 지닌 나라이지만, 아직 그 진가를 아는 사람이 많지 않기에 더욱 애착이 갑니다. 말레이시아는 트렌디한 도시에서 멋진 시티 라이프를 즐길 수도 있고, 원시의 자연 속에서 완벽한 휴식을 취할 수도 있는 팔색조 같은 매력을 지닌 곳입니다. 또 아직 드러나지 않은 매력도 무궁무진합니다. 이 책을 통해 말레이시아가 지닌 가치와 매력을 더 많은 사람이 느끼고 경험할 수 있기를 바랍니다.

해외 출장을 자주 다니는 딸을 늘 걱정하시는 사랑하는 부모님과 오빠에게 먼저 출간의 기쁨과 감사를 드립니다. 늘 아김없이 주는 나무 같은 다스 님과 멘토인 제스 언니에게도 감사의 마음을 전하고 싶습니다. 처음 여행 작가의 길로 인도해주신 아쿠아의 왕영호 대표님, 항상 감사하고 있습니다. 그리고 현지에서 도움 주신 업체와 관계자분들에게도 모두 진심으로 감사를 드립니다! Thank You!

일러두기

미니 100배 즐기기는?
작고 가볍지만, 내용만큼은 알찬 〈미니 100배 즐기기〉는 휴양지 여행을 앞둔 독자들이 가볍게 보고 휴대할 수 있는 미니 가이드북입니다. 믿고 보는 가이드북 〈100배 즐기기〉의 세컨드 시리즈로, 필요 없는 정보를 과감하게 덜어내고 꼭 필요한 정보만 알뜰하게 담아 독자들의 다양한 니즈를 충족시킵니다.

정보 구성

이 책은 크게 3개의 파트로 구성되어 있습니다.

Hello! Kota Kinabalu
코타키나발루 매력 탐구

코타키나발루에 대한 기초적인 내용과 볼거리, 음식, 쇼핑 등 여행에 필요한 다양한 정보를 미리보기 형식으로 보기 편하게 구성했습니다.

Hello! Kota Kinabalu
지금 여기, 코타키나발루

코타키나발루의 생생한 현지 정보를 상세하게 정리했습니다. 코타키나발루 중심 지역과 기타 지역으로 세분화하여 편리하게 여행할 수 있습니다.

How to go Kota Kinabalu
코타키나발루 여행 준비

여권 준비부터 항공권 구매, 입출국 정보 등 출발하기 전에 꼭 알아둬야 할 내용을 날짜별로 보기 쉽게 정리했습니다.

화폐 표기

기본적으로는 현지 화폐인 링깃(Ringgit)을 사용했습니다. 금액 단위가 커지는 고급 리조트는 달러(US$)로 표시하기도 했습니다. 링깃은 금액 앞에 RM을 붙이고 달러는 앞에 US$를 붙였습니다.

지도 읽기

본 책의 지도에 사용하는 기호는 아래 항목들을 나타냅니다. 지도를 볼 때 참고하시기 바랍니다.

■ 랜드마크 · 볼거리   **R** 레스토랑
S 쇼핑   **M** 마사지 · 스파
N 나이트라이프   **H** 호텔 · 리조트

정보 문의

이 책은 〈말레이시아 100배 즐기기〉를 기본으로, 내용을 보완하고 새롭게 디자인하여 구성한 것입니다. 책에 실린 정보는 2016년 10월까지 이루어진 취재를 바탕으로 합니다. 정확한 정보를 싣기 위해 노력했지만, 현지의 물가와 여행 정보는 끊임없이 변하기 때문에 변동 사항이 생길 수 있습니다. 여행 중 잘못된 정보를 발견한다면 아래 메일로 제보 부탁드립니다. 독자 분들이 보내주신 최신 정보는 최대한 빨리 업데이트하도록 노력하겠습니다.

알에이치코리아 편집부 hjko@rhk.co.kr
저자 이메일 l_b_v@naver.com, hwh0910@empal.com

CONTENTS

페를리스
Perlis

태국
Thailand

랑카위
Langkawi

케다
Kedah

코타 바루
Kota Bharu

프렌티안섬
Perhentian Island

르당섬
Redang Island

페낭
Penang

케란탄
Kelantan

페락
Perak

트렝가누
Trengganu

팡코르
Pangkor

파항
Pahang

믈라카 해협
Straits of Melaka

샤 알람
Shah Alam

쿠알라룸푸르
Kuala Lumpur

네게리 셈빌란
Negeri Sembilan

푸트라자야
Putrajaya

믈라카
Melaka

조호
Johor

티오
Tioma

인도네시아
Indonesia

조호바루
Johor Bahru

싱가포르
Singapore

만타나니섬
Mantanani Island

툰쿠 압둘 라만 공원
Tunku Abdul
Rahman Marine Park

■ 키나발루산
Mt. Kinabalu

코타키나발루
Kota Kinabalu

사바
Sabah

브루나이
Brunei

시파단섬
Sipadan Island

남중국해
South China Sea

사라왁
Sarawak

쿠칭
Kuching

인도네시아
Indonesia

티오만섬
man Island

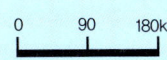

말레이시아 전도

N

0   90   180km

Hello!
Kota Kinabalu

코타키나발루 매력 탐구

01 Hello! Kota Kinabalu
말레이시아를 사랑할 수밖에 없는 이유

다양한 색깔과 문화가 공존하는 말레이시아. 천혜의 자연환경, 다채로운 음식, 쇼핑의 즐거움까지,
사랑할 수밖에 없는 말레이시아의 매력을 살펴보자.

천혜의 자연환경
말레이시아의 때 묻지 않은 자연환경은
세계적으로 유명하다. 동남아시아에서 제
일 높은 키나발루산은 해마다 전 세계 산
악인이 찾는 말레이시아의 보물이며 맹그
로브 숲은 원시의 순수한 자연을 체험하
기에 더없이 좋은 환경이다. 에메랄드빛
바다에서 경험하는 짜릿한 다이빙, 신비
로운 반딧불이 투어 등 자연과 함께하는
다양한 액티비티를 즐길 수 있다.

식도락의 천국

말레이시아는 식도락을 즐기기에 최상의 환경을 지니고 있다. 다민족국가인 만큼 다채로운 음식 문화가 공존해 골라먹는 즐거움이 있다. 전통적인 말레이 음식을 바탕으로 중국 음식, 인도 음식은 기본이고 세계 각 나라의 다채로운 음식의 향연이 펼쳐진다. 또 싱싱한 해산물이 풍부하고 가격도 우리나라에 비해 저렴한 편이라 해산물을 즐기기에도 부족함이 없다.

선택의 폭이 넓은 레스토랑

저렴한 로컬 음식점에서부터 럭셔리한 고급 레스토
랑까지 선택의 폭이 넓어 여행자의 예산과 취향에 맞
는 레스토랑을 고를 수 있다. 저렴하게 한 끼를 때우
고 싶다면 쇼핑몰 안의 깔끔한 푸드 코트나 노점상이
모여있는 호커 센터로 가보자. 로컬 음식을 비롯해 다
양한 음식을 놀랄 만큼 저렴한 가격에 즐길 수 있다.
수준 높은 고급 레스토랑도 즐비해 때로는 분위기를
잡으며 호사를 누리기에도 부족함이 없다.

친절한 말레이시아 사람들

말레이시아 사람들의 친절함은 둘째가라
면 서러울 정도다. 우리에게는 다소 생소
한 투동(Tudung, 이슬람교도 여성이 머
리에 두르는 긴 두건)과 같은 복장을 하고
있어 다가가기가 망설여질 수 있으나 일
단 말을 걸어보면 따뜻한 품성과 남을 배
려하는 친절한 마음을 느낄 수 있다. 경계
심을 버리고 마음을 열면 누구라도 친구
가 되어줄 것이다.

뛰어난 치안

술과 유흥을 멀리하는 이슬람 문화 덕분에 말레이시아는 다른 동남아 국가에 비해 비교적 치안이 잘되어 있다. 여행자 스스로가 약간만 주의한다면 안전과 치안에서는 크게 걱정할 필요가 없다.

최고의 쇼핑 장소

말레이시아는 쇼핑의 천국이다. 다양한 대형 쇼핑몰에서는 로컬 브랜드부터 우리나라에서도 친숙한 중급 브랜드, 고가의 명품 브랜드까지 논스톱으로 쇼핑을 즐길 수 있다. 특히 구두가 예쁘고 저렴해서 구두를 좋아하는 여성에게는 천국이 따로 없다. 1년에 2번 대대적인 메가 세일이 있어 더욱 알뜰하게 쇼핑을 즐길 수 있다.

다양한 여행 테마에 맞는 지역

말레이시아는 지역마다 각기 다른 개성과 매력을 지
니고 있어 여행자들의 다양한 취향을 만족시켜준다.
쿠알라룸푸르와 같은 도시에서는 최신식 대형 쇼핑
몰과 근사한 레스토랑이 즐비해 세련된 도시 여행을
즐길 수 있다. 코타키나발루나 랑카위 같은 지역은 천
혜의 자연환경 속에서 휴양을 즐기기에 더없이 좋다.

풍부한 테마파크

수도 쿠알라룸푸르에서 1~2시간만 벗어나면 화려한 도시
와는 180도 다른 테마파크들을 만날 수 있다. 동남아시아
최고의 카지노라고 불리는 겐팅 하일랜드, 아이들에게 인
기 만점인 선웨이 라군, 동화에 나올 법한 부킷 팅기 등 도
심에서는 느낄 수 없는 색다른 즐거움을 만끽할 수 있다.

사랑스러운 숙소

말레이시아의 숙소는 다른 동남아시아 지역과 비교해 경쟁력 있는 요금을 자랑한다. 시설과 서비스에 비해 요금이 저렴하기 때문에 여행자들의 가격 대비 만족도가 높은 편이다. 세계적인 고급 호텔부터 개성 넘치는 부티크 호텔, 풍부한 부대시설을 갖춘 리조트, 저렴한 게스트 하우스까지 선택의 폭이 넓다는 것도 빼놓을 수 없는 장점이다.

02 Hello! Kota Kinabalu
말레이시아와 이슬람 문화

말레이시아는 다민족국가로 문화와 언어, 종교가 다채롭다. 종교의 자유는 보장되지만 국교인 이슬람 문화가 많이 녹아 있는 것이 사실이다. 이슬람교와 그 문화의 특징에 대해 살펴보자.

나이트 라이프와 음주 문화

말레이시아는 국교인 이슬람교의 영향으로 다른 나라에 비해 술값이 비싸며 유흥 문화도 미약한 편이다. 특히 이슬람교를 믿는 모슬렘은 절대 술을 마시지 않으며 유흥 문화에도 폐쇄적이다. 하지만 이는 모슬렘에게 국한된 이야기로, 다른 종교를 믿는 사람이나 외국인 여행자에겐 크게 영향을 끼치지 않는다. 최근에 들어서는 쿠알라룸푸르 같은 대도시에서는 우리나라와 비교해도 뒤지지 않을 만큼 멋진 나이트클럽과 바가 즐비하니 나이트 라이프와 음주 문화가 전무할 것이라는 편견은 버려도 좋다.

할랄 Halal

할랄(Halal)은 아랍어로 '허용되는 것'이라는 의미로 종교적 절차에 따라 도살된 고기, 재료를 뜻한다. 이는 모슬렘에게는 대단히 중요한 문제로, 그렇지 않은 고기는 절대 먹지 않는다. 식당 입구에 할랄 마크가 없으면 들어가지 않는 것은 물론이고 마트에서 식료품을 살 때도 할랄 마크를 중요하게 여긴다. 단지 고기뿐만 아니라 빵이나 우유, 시리얼 같은 식품에도(커피빈마저 할랄 업소이다) 엄격히 적용된다. 상당히 까다로운 절차를 밟기 때문에 일단 할랄 제품이라면 어느 정도 신뢰할 수 있어 꼭 모슬렘이 아니라도 할랄 제품을 선호하기도 한다. 반대로 금기시되는 것은 하람(Haram)이라고 부르는데 대표적으로 돼지고기와 술을 들 수 있다. 이는 이슬람교에만 해당하는 이야기로 중국계 식당이나 외국인이 많이 찾는 레스토랑에서는 쉽게 술과 돼지고기를 접할 수 있으니 너무 겁먹을 필요는 없다.

규율이 엄격한 이슬람교

이슬람교도 여성은 투동이라는 긴 두건을 머리에 쓰고 바주 쿠룽(Baju Kurung)이라는 팔다리를 가린 긴 옷을 입는다. 공식적인 장소에서는 물론이고 집에서도 손님이 방문할 때 이 복장을 고수한다.

해가 진 뒤에는 미혼 남녀가 단둘이 있어서는 안 되며 데이트는 낮에 끝내야 한다. 우리에게는 다소 황당하지만 실제로 올해 밸런타인데이에 이를 어겨 잡혀간 커플이 수십 쌍이라고 하니 이들에게 매우 엄격한 규율이 아닐 수 없다.

> TIP **알아두면 좋은 에티켓**
> • 집게손가락으로 사람을 가리키는 것은 무례한 행동이므로 주먹을 쥔 뒤 엄지손가락으로 가리킨다.
> • 왼손을 부정하게 여기므로 왼손으로는 물건을 건네지 않는다.
> • 머리는 신성한 부분으로 여기므로 함부로 아이들의 머리를 쓰다듬거나 신체 접촉을 자제해야 한다.
> • 모스크에 입장할 때 심한 노출은 피해야 하며 여성은 온몸을 가리는 긴 옷을 입어야 한다. 보통 긴 옷을 대여해주기도 한다.

03
Hello! Kota Kinabalu
말레이시아의 축제와 명절

이슬람교는 물론 힌두교·불교, 중국인·아랍인 등 다양한 종교와 민족이 공존하는 말레이시아는 축제도 다양하고 화려하다. 다른 종교를 배척하기보다는 존중하는 문화가 자리 잡고 있어 함께 축제 분위기를 즐긴다. 이슬람력(1년 354일)이 양력보다 짧아서 이슬람 명절은 매년 11일 정도씩 차이가 나므로 정확한 날짜는 매년 확인해야 한다.

타이푸삼 Thaipusam

1월에는 힌두교 최대 축제 타이푸삼이 열린다. 신자들이 참회와 속죄를 하며 고행을 한다. 카바디(Kavadi)라고 불리는 화려한 장식의 등짐을 메고 쇠꼬챙이를 혀, 뺨 등에 꿴 채 고행을 하는 진풍경도 펼쳐진다.

구정 Chinese New Year

1월과 2월 사이에 신년 행사가 열리며 화려한 장식과 가장행렬, 용춤 등이 펼쳐진다. 음력 1월 1일부터 15일간 말레이시아 전역에서 개최된다. 2017년은 1월 28일, 2018년은 2월 16일이며 이 기간에는 여행자들도 급증하기 때문에 이때 여행을 준비한다면 미리 계획을 잘 세우는 것이 좋다.

카마탄 페스티벌 Kaamatan Festival

카마탄 페스티벌은 사바(Sabah) 지역에서 개최되는 말레이시아의 대표적인 추수 감사 축제로 매년 5월 말에 열린다. 보보히잔(Bobohizen)이라고 불리는 주술사들이 전통 의상을 입고 주술을 외우며 의식을 치른다. 그해 수확한 쌀로 만든 타이파이(Taipai)라는 술을 손님과 이웃에게 대접하며 축제를 즐긴다.

가와이 페스티벌 Gawai Festival

가와이 페스티벌은 매년 6월 초에 사라왁(Sarawak) 지역에서 개최되는 추수 감사 축제다. 추수를 마치고 새롭게 농사철을 맞이하는 뜻에서 거행된다. 사라왁 지역 주민들은 이 축제에 참가하는 사람에게 축복이 내린다고 믿기 때문에 수많은 인파가 몰려든다. 신성한 축제이기 때문에 많은 커플이 이 기간에 약혼이나 결혼을 한다.

말레이시아 메가 세일 카니발 Malaysia Mega Sale Carnival

매년 7~8월에 열리는 최대 쇼핑 세일 기간으로 쇼핑이 목적인 여행자들에게는 최적의 시즌이다. 두 달 동안 수도인 쿠알라룸푸르와 말레이시아 전역에서 메가 세일이 시작된다. 각 쇼핑몰의 브랜드, 컬렉션, 액세서리 등 최대 70%까지 대박 세일이 이어지며 호텔과 레스토랑에서도 다양한 이벤트를 실시한다.

하리 라야 아이딜피트리 Hari Raya Aidilfitri

하리 라야 아이딜피트리는 이슬람 최대 명절로 말레이시아에서는 독립 기념일만큼 큰 의미를 지닌 축제다. 하리 라야 아이딜피트리는 이슬람법에 따라 한 달간 금식하는 라마단(Ramadan)이 끝나는 날이자, 이슬람 달력의 10번째 달인 샤왈(Syawal)의 첫째 날이다. 이 축제를 통해 라마단 기간 동안 유혹을 이겨내고 모슬렘으로서 계명을 지킨 것을 축하한다. 이슬람교를 믿지 않는 이들과 여행자들까지 함께 즐길 수 있는 최대의 축제로 화려한 공연과 불꽃놀이 등이 펼쳐진다.

디파발리 Deepavali

디파발리는 힌두교인의 빛의 축제로 선한 신이 빛으로 어둠의 신을 물리친 전설의 날이다. 타밀(Tamil) 달력의 첫째 달에 해당하는 10월이나 11월 중에 열리는데 디파발리가 시작되면 힌두교인들이 화려한 전통 의상을 입고 거리로 쏟아져 나온다. 말레이시아는 힌두교 문화권 국가 중에서도 신년 축제를 가장 성대하게 치르는 나라 중 하나로 화려한 볼거리를 즐길 수 있다.

04 Hello! Kota Kinabalu
베스트 오브 말레이시아

처음 말레이시아를 방문하는 여행자라면 많은 관광지와 호텔, 레스토랑 중 어느 곳을 가야 할지 고민에 빠질 것이다. 인기가 높은 곳을 체크해보고 대세를 따르는 것도 방법이다.

01

말레이시아의 대표 인기 지역
1위 코타키나발루
2위 쿠알라룸푸르
3위 랑카위

02

말레이시아 최고의 해변
1위 랑카위의 다타이 베이
2위 코타키나발루의 탄중 아루
3위 랑카위의 탄중루

04

말레이시아에서 꼭 사 와야
하는 쇼핑 아이템
1위 알리 커피
2위 싸고 예쁜 구두
3위 주석 제품

05

쿠알라룸푸르 인기 숙소
1위 그랜드 하얏트 쿠알라룸푸르
2위 세인트 레지스 쿠알라룸푸르
3위 힐튼 쿠알라룸푸르

03

말레이시아에서
꼭 맛봐야 할 음식
1위 차 콰이 테오
2위 사테
3위 락사

06

쿠알라룸푸르 인기 레스토랑
1위 마담 콴스
2위 알로 스트리트
3위 송켓 레스토랑

07

코타키나발루
인기 레스토랑
1위 웰컴 시푸드 레스토랑
2위 실크 가든
3위 캄퐁 아이르

08

코타키나발루 최고의 쇼핑몰
1위 수리아 사바
2위 원 보르네오
3위 이마고 쇼핑몰

09

코타키나발루
인기 숙소
1위 샹그릴라 탄중 아루
2위 수트라 하버 리조트
3위 샹그릴라 라사 리아

10

코타키나발루 인기 투어
1위 툰쿠 압둘 라만 공원 섬 투어
2위 만타나니섬 투어
3위 키나발루산 투어

11

랑카위 인기 숙소
1위 웨스틴
2위 포시즌스
3위 메리터스 펠랑기 리조트 & 스파

12

랑카위 인기 레스토랑
1위 오키드리아
2위 더 브래서리
3위 엉클 자이 카페

13

랑카위 인기 투어
1위 코럴 투어
2위 맹그로브 투어
3위 아일랜드 호핑 투어

05 Hello! Kota Kinabalu
진정한 쇼핑 천국 말레이시아

말레이시아가 쇼핑 천국이라는 사실을 아는 여행자는 많지 않지만 한 번이라도 말레이시아를 다녀간 여행자나 트렌드세터라 자처하는 쇼핑광들은 잘 알고 있을 것이다. 동남아시아 쇼핑의 대세가 말레이시아로 쏠리고 있다는 것을!

쇼핑몰의 특징

어마어마한 덩치를 자랑하는 대형 쇼핑몰에는 우리에게도 친숙한 브랜드뿐만 아니라, 럭셔리한 명품 매장과 말레이시아에서만 만나볼 수 있는 이국적이고 개성 넘치는 로컬 브랜드까지 빼곡히 들어가 있다. 매장의 규모가 큼직하고 쇼핑몰이 워낙 넓다 보니 일일이 하나하나 둘러보기보다는 안내 데스크에 구비된 쇼핑몰 지도로 공략할 브랜드와 아이템을 먼저 살펴보는 것이 시간과 체력을 아낄 수 있는 길이다. 대부분의 쇼핑몰은 브랜드만큼이나 카페와 레스토랑까지 다양하고 알차게 갖추어 쇼핑과 식도락을 논스톱으로 즐길 수 있다.

코타키나발루 대표 쇼핑몰

수리아 사바 p.71

수리아 사바는 코타키나발루를 대표하는 쇼핑몰로 시내 중심에 위치하고 있어 접근성 면에서 탁월하다. 인기 브랜드를 비롯해 레스토랑, 카페까지 두루 갖추고 있어 논스톱으로 쇼핑과 식도락을 즐길 수 있다.

원 보르네오 p.132

코타키나발루 시내에서 벗어난 곳에 위치하고 있어 외곽 지역의 숙소에 머무르는 여행자들이 주로 찾는 곳이다. 말레이시아 현지 브랜드를 비롯해 다양한 브랜드가 입점해있으며 레스토랑, 카페, 슈퍼마켓까지 고루 갖추고 있다.

TIP 브랜드 가격이 부담스럽다면 F.O.S

팩토리 아웃렛 스토어 F.O.S(Factory Outlet Store)는 저렴한 가격의 아이템이 수북하게 쌓여 있는 보물 창고 같은 아웃렛. 대형 쇼핑몰 안에서 쉽게 발견할 수 있으며 생소한 로컬 브랜드도 많지만 잘 찾아보면 아베크롬비, 홀리스터, 노티카 같은 인기 브랜드도 눈에 띄며 믿을 수 없을 만큼 착한 가격표를 달고 있다. 게다가 하나를 사면 하나를 더 주거나 추가적으로 디스카운트해주는 등 지갑을 열지 않고는 못 배기도록 저렴한 프로모션으로 유혹한다.

쇼핑을 한층 더 뜨겁게 만들어주는 세일 축제!

세일 축제가 시작되면 말레이시아 전역의 대형 쇼핑몰과 숍은 물론이고 항공 기내와 야시장에서도 세일 퍼레이드가 시작된다. 또한 세일 기간 동안 호텔을 비롯한 숙소, 매장, 레스토랑 등에서도 관광객을 위한 다양한 혜택과 이벤트를 마련해 즐거움이 배가된다.

말레이시아 메가 세일 카니발
Malaysia Mega Sale Carnival

말레이시아의 여름을 더 뜨겁게 달구는 것이 바로 말레이시아 메가 세일 카니발이다. 아시아에서도 손꼽히는 쇼핑 축제로 이때가 되면 알뜰한 쇼핑을 즐기려는 여행자들이 세계 각국에서 모여든다. 다양한 분야에 걸쳐 대대적인 폭탄 세일이 시작되므로 어디서든 저렴하고 알뜰한 쇼핑의 묘미를 톡톡히 누릴 수 있다. 여름 시즌에 맞춰 7~8월에 걸쳐 약 두 달 동안 열리는데 정확한 날짜는 해마다 약간의 변화가 있다.

연말 세일 카니발
Year End Sale Carnival

이국적인 여행지에서의 들뜬 연말 분위기와 파격적인 세일의 알뜰한 쇼핑이라는 두 마리 토끼를 잡을 수 있는 쇼핑 축제이다. 대형 쇼핑몰과 백화점에서는 대대적인 할인 행사를 펼치는데 특히 겨울 의류와 소품은 말레이시아 내부 수요가 적기 때문에 놀라울 만큼 할인 폭이 크다. 연말 시즌에 맞춰 11~12월에 약 한 달 동안 열린다.

슈어홀릭의 파라다이스

마돈나와 〈섹스 앤 더 시티〉의 여주인공 캐리가 사랑해마지 않는 지미 추(Jimmy Choo)의 고향이 말레이시아라는 사실을 아시는지. 그래서인지 말레이시아에는 유난히 구두 브랜드가 다양하고, 매장마다 예쁜 구두가 수북하게 쌓여 있다. 게다가 가격까지 놀랄 만큼 착하니 슈어홀릭에게는 파라다이스가 따로 없다.

TIP 인기 절정의 구두 브랜드, 빈치(Vincci)와 노즈(Nose)

빈치와 노즈는 알 만한 사람은 다 안다는 말레이시아 대표 구두 브랜드로 넘버원 자리를 두고 치열하게 경쟁 중이다. 두 브랜드 모두 캐주얼부터 깔끔한 정장에도 어울릴 만한 구두로 매장을 가득 채우며 간단한 액세서리와 가방도 함께 갖추고 있다. 무엇보다 놀랄 만큼 저렴한 가격이 가장 큰 매력이다. 자신도 모르게 탄성이 나올 만큼 싱큼하고 예쁜 디자인의 구두는 우리 돈 1~2만원이면 살 수 있으니 많이 살수록 남는 장사. 게다가 하루가 멀다 하고 다양한 신상품을 내놓으며, 한쪽 코너에서는 안 그래도 싼 구두를 횡재에 가까운 가격으로 파는 폭탄 세일을 감행해 여성들을 유혹하고 있다.

06 Hello! Kota Kinabalu
슈퍼마켓에서 이색 아이템 건지기

우리나라에서 흔히 볼 수 있는 브랜드 상품과 어디에서 구입했는지 티도 나지 않는 패션 소품은 이제 그만! 여행
의 마지막을 슈퍼마켓에서의 쇼핑으로 마무리해보자. 의외로 쏠쏠하면서 이색적인 아이템이 많아 지인을 위한
선물로도, 추억으로 남기기에도 그만이다.

차

말레이시아는 커피뿐 아니라 차도 좋은 품질로 정평이 나 있다. 건강에도 좋고 향도 좋은 차는 무게도 가볍
고 호불호가 그다지 갈리지 않는 아이템으로 선물하기에 좋다.

사바 티
RM4.45

보 티
RM9.80

커피

말레이시아의 인스턴트커피는 마니아가 있을 정도로 인기가 많다. 인기 넘버원을 달리는 알리 카페는 물론
이고 구수한 맛의 코피 오, 달콤하고 진한 올드타운 화이트 커피뿐 아니라 인삼이나 딸기 등 다양한 재료가
들어간 것도 있다.

알리 카페	코피 오	올드타운 화이트 커피	통캇 알리 진생 커피
RM11.50	RM8.60	RM14.60	RM14.70

잼

달콤한 판단 잼과 카야 잼 또한 빼놓을 수 없는 쇼핑 아이템. 무게가 부담스럽지만 않다면 한국에 돌아와서
도 지루한 딸기 잼 대신 카야 잼과 판단 잼으로 달콤하게 하루를 시작할 수 있다.

판단 젤리	판단 잼	카야 잼
RM10.90	RM3.10	RM3.10

식료품

우리나라에는 없는 다양한 과자나 라면, 향신료 등을 구입해보자. 호기심 강한 친구들에게 선물로 주기도 하
고 여행을 마치고 돌아온 후 추억을 떠올리며 먹기도 좋다.

블랙 페퍼 크랩 누들	아삼 락사 라면	바쿠테	미니 사이즈 톰얌 큐브
RM1.49	RM7.55	RM6.75	RM1.20

07 Hello! Kota Kinabalu
다채롭고 조화로운 말레이시아 음식

말레이시아 음식 문화의 특징은 '다채로움과 조화'에 있다. 말레이, 중국. 인도 등 다양한 인종이 어우러져 사는 다민족국가이다 보니 음식 문화에도 그 특징이 고스란히 녹아 있다. 전통적인 말레이 고유의 음식을 비롯해 세계 각국의 다양한 음식들, 거기에 그들이 혼합되어 재탄생한 음식까지 더해져 말레이시아만의 독특한 음식 문화를 만들어냈다.

말레이시아 음식의 특징

말레이시아 음식은 크게 말레이 음식, 중국 음식, 인도 음식으로 나뉘며 중국과 말레이 음식이 만나 새롭게 탄생한 뇨냐(Nyonya) 요리도 말레이시아의 독특한 음식 문화를 보여주는 대표적인 예다.

말레이 음식

주식은 나시(Nasi)라고 부르는 쌀로 지은 밥에 몇 가지 반찬과 곁들여 먹는 것이 우리와 비슷하다. 코코넛 밀크를 넣는 요리가 많으며 바짝 말린 멸치와 땅콩을 많이 사용하는 것이 특징이다. 생선과 닭고기를 자주 먹으며 1년 내내 더운 날씨 때문에 기름에 튀기거나 볶는 요리가 많다.

중국 음식

말레이시아 인구 중 높은 비율을 차지하며 말레이시아 경제 발전에 일등 공신 역할을 하는 것도 중국계이다. 말레이시아에서는 거의 모든 종류의 중국 음식을 맛볼 수 있다고 해도 과언이 아니다. 해산물과 여러 가지 채소와 면을 이용한 요리가 많고, 모슬렘이 금기하는 돼지고기를 먹을 수 있다는 것도 중국 음식의 큰 장점이다.

인도 음식

말레이시아에서 가장 쉽게 먹을 수 있고 인기도 좋은 인도 음식은 크게 남인도 음식과 북인도 음식으로 나눌 수 있다. 남인도 음식은 채소를 많이 사용하며 매운 요리가 많은 편이고, 북인도 음식은 요구르트와 생크림을 많이 사용해 순하고 부드러우며 고급 레스토랑에서 많이 다루는 편이다.

뇨냐 요리

뇨냐 요리는 중국 음식과 말레이 음식이 결합해 새롭게 탄생한 퓨전 음식 문화이다. 중국식 조미료와 말레이 음식에 많이 쓰이는 코코넛 밀크, 고추 등의 현지 향신료를 함께 섞어 요리한다. 말레이시아 사람들이 집에서 즐겨 만들어 먹는 요리이며 종종 뇨냐 요리만 전문으로 다루는 레스토랑도 눈에 띈다. 대표적인 뇨냐 요리로는 우리네 짬뽕과 비슷한 락사(Laksa)가 있다.

말레이시아 대표 음식 17선

나시 고렝 Nasi Goreng

간단하게 볶음밥이라고 생각하면 된다. 가장 보편적이고 즐겨 먹는 음식으로, 해산물이나 닭고기, 돼지고기, 쇠고기 등을 각종 채소와 함께 볶은 뒤 달걀을 올려주며 매콤한 삼발 소스를 곁들여 먹는다.

미 고렝 Mee Goreng

나시 고렝과 더불어 가장 즐겨 먹는 음식으로 국수를 채소와 함께 볶아 만든다.

락사 Laksa

대표적인 뇨냐 요리로 칠리 가루로 맛을 낸 육수에 갖은 양념과 허브, 새우, 어묵 등을 넣고 코코넛 밀크를 섞은 국수 요리이다. 진한 향과 얼큰한 국물 맛이 우리나라의 짬뽕을 떠올리게 한다.

나시 아얌 Nasi Ayam

아얌(Ayam)은 말레이어로 '닭'을 뜻하는데 밥에 치킨을 올린 음식이다. 일반적으로 한 접시에 밥과 약간의 채소와 튀긴 닭 한 조각이 세트로 나온다.

로티 차나이 Roti Chanai

나시 르막과 더불어 말레이시아 사람들의 대표적인
아침 식사로, 쉽게 말하면 말레이 스타일 팬케이크
이다. 밀가루 반죽을 철판에 얇게 구워내 진한 커리
와 함께 곁들여 먹는다. 마치 피자 도우를 돌리듯 능
수능란하게 반죽을 다루는 요리사의 손놀림을 구경
하는 재미도 쏠쏠하다.

로작 Rojak

신선한 과일과 채소, 튀긴 두부 등을 칠리, 라임 주
스, 구운 땅콩으로 만든 독특한 드레싱과 함께 버무
린 말레이식 샐러드이다. 주로 호커 센터에서 맛볼
수 있으며 애피타이저로 입맛을 돋울 때나 반찬으로
즐겨 먹는다.

나시 짬뿌르 Nasi Campur

그릇에 밥을 담아주면 한쪽에 준비된 다양한 반찬을
입맛에 따라 골라 먹으면 되는 일종의 뷔페식이다.
선택하는 반찬의 가짓수와 양에 따라 가격이 매겨지
는데 저렴한 편이라 한 끼 식사로 즐겨 먹는다. 우리
나라에서 밥과 반찬을 먹는 것과 비슷해 한국 음식
이 생각날 때 먹으면 좋다.

사테 Satay

동남아시아에서 흔히 볼 수 있는 꼬치구이로 말레이
시아 사람들이 즐겨 먹는 음식이다. 닭고기, 쇠고기,
양고기가 있으며 채소와 쌀떡, 달콤한 땅콩 소스가
곁들여 나온다. 연기 자욱한 숯불에서 갓 구워내 시
원한 맥주와 함께 먹으면 찰떡궁합이다.

바쿠테 Bak Kut Teh

돼지갈비와 중국 향신료, 마늘을 넣고 부드러워질 때까지 푹 고은 요리로 바쿠는 '돼지갈비'를, 테는 '차'를 의미한다. 우리나라의 갈비탕과 비슷한 맛으로 고소한 국물이 시원하다.

나시 르막 Nasi Lemak

말레이시아 사람들이 가장 즐겨 먹는 아침 식사로 나시는 '쌀', 르막은 '풍부한'이라는 뜻이다. 쌀에 코코넛 밀크를 섞어 지은 밥과 멸치, 달걀, 땅콩, 삼발 소스 등을 함께 먹는다. 간단하지만 든든한 한 끼 식사로 사랑받고 있으며 보통 한 접시에 밥과 반찬이 같이 나오고 바나나 잎으로 포장해 팔기도 한다.

차 콰이 테오 Char Kway Teow

납작한 쌀국수에 숙주, 새우, 달걀 등을 넣고 소스와 함께 센 불에 볶아낸 볶음국수이다. 짭짤하면서도 달콤한 소스와 어우러져 맛이 좋고 우리 입맛에도 잘 맞는 편이다.

로 박 Loh Bak

호커 센터에서 쉽게 볼 수 있는 메뉴이다. 어묵과 두부 등을 기름에 튀겨낸 음식으로, 우리나라의 튀김과 비슷하다. 같이 나오는 칠리 소스에 찍어 먹으면 든든한 간식거리로 그만이다.

뇨냐 꾸이 Nyonya Kuih

알록달록 색깔이 고운 말레이 전통 디저트로 우리나라의 떡과 비슷한 맛이다. 떡처럼 쫄깃하고 코코넛을 많이 넣어 달콤하고 부드러운 맛이 일품이다. 말레이시아 사람들이 디저트와 간식으로 즐겨 먹으며 호텔 조식이나 뷔페에도 간간이 눈에 띈다.

스팀보트 Steamboat

태국, 싱가포르에서 즐겨 먹는 스팀보트는 말레이시아에서도 인기 메뉴로 스팀보트 전문점과 뷔페도 꽤 많은 편이다. 끓인 육수에 두부, 채소, 각종 해산물과 고기 등을 데쳐 소스에 찍어 먹는데, 싱싱한 재료와 담백한 국물 맛이 일품이다.

첸돌 Cendol

말레이시아의 무더위에 지칠 때 먹으면 가슴속까지 시원해지는 첸돌은 우리나라의 팥빙수와 비슷한 디저트다. 곱게 간 얼음 위에 코코넛 밀크와 달콤한 시럽, 첸돌이라 불리는 초록색 재료를 올리며, 달콤하고 시원한 맛이 갈증을 한 번에 식혀준다.

테 타릭 Teh Tarik

말레이식 밀크 티로 말레이시아 사람들이 가장 사랑하는 국민 음료다. '길게 당기는 차'라는 뜻처럼 2개의 컵을 이용해 양쪽으로 쉴 새 없이 부어대면 어느새 풍성한 거품이 생긴 테 타릭이 완성된다. 달콤한 데다 만드는 과정도 재미있으니 꼭 한번 먹어보자.

오탁 오탁 Otak Otak

으깬 생선살을 달걀과 코코넛 밀크, 매콤한 소스 등과 섞어 바나나 잎으로 싸서 찌는 음식이다. 매콤한 맛이 나는 어묵과 비슷하다.

알아두면 유용한 말레이 음식 용어

말레이 음식의 이름은 간단한 편이라 쌀을 뜻하는 '나시'와 볶음을 뜻하는 '고렝'을 합치면 볶음밥, 생선을 뜻하는 '이칸'과 굽는다는 뜻의 '바카르'를 합치면 생선구이를 의미한다. 이처럼 몇 가지 단어만 알아두어도 어떤 음식인지 대충 감을 잡을 수 있다.

Ayam(아얌): 닭	Bubur(부부르): 죽	Ikan(이칸): 생선	Udang(우당): 새우
Ketam(케탐): 게	Lembu(렘부): 쇠고기	Garam(가람): 소금	Gula(굴라): 설탕
Teh(테): 차	Kopi(코피): 커피	Nasi(나시): 쌀	Meehoon(미훈): 가는 국수
Mee(미): 굵은 국수	Kway Teow(콰이 테오): 넓은 국수		
Goreng(고렝): 볶음	Bakar(바카르): 구운	Sup(숩): 국물	Bungkus(붕꾸스): 포장

TIP 이것만은 꼭 먹자!

- 말레이식 짬뽕 **락사**의 얼큰한 국물 맛 느껴보기
- 바나나 잎에 밥과 반찬이 담긴 **나시 르막**으로 말레이시아 사람들처럼 아침 먹어보기
- 노천 호커 센터에서 시원한 맥주와 함께 숯불에 구운 **사테** 맛보기
- 고소한 말레이식 팬케이크 **로티 차나이**를 진한 커리에 푹 찍어 먹어보기
- 말레이표 밀크 티 **테 타릭**과 카야 잼을 발라 구운 토스트로 간식거리 하기
- 한국 음식이 생각날 때면 밥과 반찬을 고를 수 있는 **나시 짬뿌르**로 달래주기
- 길거리 포장마차에서 불맛나는 **차 콰이 테오** 즐기기
- 우리네 팥빙수와 비슷한 달콤 시원한 **첸돌** 먹으며 무더위 날려버리기

08 Hello! Kota Kinabalu
싱싱한 열대 과일 맛보기

열대성 기후에 맞게 풍부한 열대 과일이 지천으로 넘쳐나 어디서든 쉽게 맛볼 수 있다. 한국에서는 찾아보기 힘들거나 비싼 값을 치러야 맛볼 수 있는 열대 과일을 저렴하게 먹을 수 있다는 점은 말레이시아 여행이 주는 큰 즐거움 중 하나이다.

망고 Mango

열대 과일의 상징이 되어버린 망고는 부드러운 노란 과육이 달콤하며 즙이 진하고 풍부하다. 주로 통째로 갈아 셰이크로 먹으며 섬유질이 많아 피부와 소화기관에 좋은 과일이다.

두리안 Durian

과일의 왕이라는 별명이 있는 이 과일은 독특한 맛과 진한 냄새 때문에 호불호가 극명하게 나뉜다. 양파 썩는 듯한 냄새가 너무 고약해서 호텔이나 대중교통을 이용할 때 반입을 금지할 정도이다. 두리안의 독특한 맛을 사랑하는 이들이 많은 덕분에 말레이시아에서는 쿠키, 케이크, 아이스크림 등의 달콤한 디저트에 두리안을 넣는다. 처음에는 진한 치즈처럼 강한 냄새에 거부감이 들지 모르지만 일단 한번 그 맛에 빠지면 중독성이 있어 자꾸만 먹고 싶을 것이다. 영양이 풍부하고 칼로리가 높은 편인데 술과 함께 마시면 위험하다는 설도 있으니 유의하자.

드래건 프루츠 Dragon Fruits

용과라고도 부르는 과일로 핑크빛의 반질반질한 표면을 자르면 겉과 전혀 다른 하얀색 과육에 씨가 깨알같이 박혀 있다. 부드러운 맛이 특징이다.

코코넛 Coconut

커다란 몸통의 머리 부분을 칼로 잘라낸 뒤 빨대를 꽂아 음료로 마시면 부드럽고 달달한 맛이 더위를 식히는 데 그만이다. 안쪽에 있는 거죽은 우유와 오일을 만드는 주원료로 사용되며 숟가락으로 퍼 먹기도 한다. 특히 코코넛 밀크는 요리에도 자주 사용되는데, 부드럽고 달콤한 풍미를 더해주는 역할을 한다.

망고스틴 Mangosteen

우리나라의 감과 비슷한 크기에 자주색의 두꺼운 껍질을 까면 마늘같이 생긴 새하얀 속살의 과육이 나온다. 단맛이 강하며 섬유질로 구성되어 소화기관에 좋다고 알려져 있다.

구아바 Guava

초록색 껍질에 과육은 하얘서 사과와 비슷하나 겉모양이 울퉁불퉁한 것이 특징이다. 아삭아삭하면서도 달콤한 맛이 그만이며 비타민 C가 풍부해 주스로도 많이 마신다.

파파야 Papaya

호텔 조식에서 흔히 볼 수 있는 과일로, 잘 익은 것은 주황빛을 띠며 부드럽고 달콤한 맛이 난다. 비타민 A와 C가 풍부하고 익지 않은 푸른 파파야는 아삭해서 채소처럼 샐러드로 이용하기도 한다.

09 Hello! Kota Kinabalu
코타키나발루 리조트 파헤치기

여행지를 선택하는 데에는 그 나라가 지닌 매력이 큰 몫을 하지만, 하루하루를 마무리하는 공간인 숙소의 비중 또한 크다. 코타키나발루에는 규모나 가격이라는 단순한 개념으로는 설명할 수 없는 매력적인 리조트가 수도 없 이 많다. 여기서는 이들의 장단점을 꼼꼼하게 파헤쳐 보았다.

수트라 하버 리조트 Sutera Harbour Resort p.114

· 마젤란 수트라 Magellan Sutera

전통적인 건축양식을 바탕으로 나무를 많이 사용해 남국의 정취가 많이 느껴지는 리조트이다. 퍼시픽 수트라에 비해 리조트 느낌이 물씬 풍기기 때문에 인기가 더 높은 편이다.

· 퍼시픽 수트라 Pacific Sutera

마젤란 수트라에 비해 현대적인 분위기와 비즈니스적인 편리함이 더 부각된다. 객실이나 전체적인 분 위기가 리조트보다는 모던한 호텔 같다.

➡ 빵빵한 부대시설을 100% 누리며 리조트에서 많은 시간을 할애하고픈 가족여행객

샹그릴라 탄중 아루 Shangri-La's Tanjung Aru p.116

잘 가꾼 아름답고 싱그러운 정원과 부족함이 없는 부대시설, 모던한 스타일을 자랑하는 객실, 세련된 레스토랑, 뛰어난 접근성 등 많은 장점을 갖추어 가장 인기 있는 리조트 중 한 곳이다.

➡ 누구에게나 무난한 선택이 될 장점이 많은 리조트로 특히 시내권에서 세련된 시설을 원하는 여행자

샹그릴라 라사 리아 Shangri-La's Rasa Ria p.142

시내에서 멀리 떨어진 편이지만 그래서 더 완벽한 휴양과 자연을 경험할 수 있는 곳이다. 넓은 부지에 객실도 쾌적한 편이며 순박하고 사려 깊은 서비스는 만족감을 더욱 높여준다.

▶ 도심에서 잠시 떨어져 자연 속에 푹 파묻혀 한가로이 휴양을 즐기고 싶은 가족여행객이나 신혼여행객

넥서스 리조트 앤 스파 카람부나이 Nexus Resort & Spa karambunai p.146

말레이 전통 스타일의 건축양식이 이국적인 분위기를 자아내며 넓은 정원 사이로 띄엄띄엄 객실이 자리해 여유가 느껴진다. 자연 친화적이면서 순박한 시골스러움에 마음이 편안해지는 매력을 지니고 있다.

▶ 이국적이고 자연 친화적인 정취 속에서 휴양을 즐기고 싶은 가족여행객

전격 비교 분석!

부대시설을 비롯한 각 리조트의 장단점을 꼼꼼히 따져보자.

리조트	마젤란 수트라	퍼시픽 수트라	샹그릴라 탄중 아루	샹그릴라 라사 리아	넥서스 리조트
접근성	★★★★★ 시내권 시내까지 5분	★★★★★ 시내권 시내까지 10분	★★★★☆ 시내권 시내까지 10분	★★☆☆☆ 외곽권 시내까지 50분	★★☆☆☆ 외곽권 시내까지 40분
셔틀버스	유료	유료	없음	유료	유료
객실	객실과 침구가 약간 오래된 느낌이 든다.	무난한 수준으로 비즈니스호텔 분위기를 풍긴다.	모던한 분위기로 여성들이 좋아하는 스타일이다.	최근 새 단장을 마쳐 쾌적하다.	지속적으로 수리를 하고 있어 방마다 차이가 난다. 예약할 때 확인하자.
레스토랑	4개	5개	7개	6개	7개
수영장 & 부대시설	★★★★★	★★★★★	★★★★☆	★★★★☆	★★★★☆
해변	★★★☆☆	★★★☆☆	★★★☆☆	★★★★★	★★★★☆
서비스 & 관리	★★★☆☆	★★★☆☆	★★★☆☆	★★★★★	★★★★☆

10 Hello! Kota Kinabalu
코타키나발루에서 이것만은 꼭 하자

빵빵한 부대시설 누리며 리조트 100배 즐기기
100만달러짜리 일몰 바라보기

입에서 살살 녹는 바비큐 꼬치 먹기
없는 게 없는 선데이 마켓 구경하기

싱싱한 해산물 배불리 먹기
아름다운 만타나니섬 투어하기

저렴한 풋 마사지로 피로 풀기
수리아 사바나 원 보르네오에서 마음껏 쇼핑하기

Here is
Kota Kinabalu

지금 여기, 코타키나발루

01 Here is Kota Kinabalu
코타키나발루는 어떤 곳일까?

기후

코타키나발루는 일년 내내 덥고 습한 기후다. 평균 기온은 영상 30도이지만, 키나발루산과 쿤다상(Kundasang) 지역은 기온이 서늘한 편이다. 연중 비가 고르게 내리지만, 10~2월에 많은 비가 집중되는 편이다.

언어

공식언어는 말레이어지만 호텔 및 관광지에서는 영어도 널리 사용된다.

시차

한국보다 한 시간 느리다.

여행 최적기

3~9월

특징

코타키나발루 국제공항에는 국적기인 말레이시아 항공 등 수많은 항공사들이 취항을 한다. 코타키나발루의 별명은 '황홀한 석양의 섬'이다. 이곳 바닷가에서 보는 낙조는 그리스 산토리니, 남태평양 피지와 함께 세계 3대 해넘이로 꼽히기 때문이다. 적도가 가까운 곳이라 날씨가 변덕스럽지 않고 사시사철 깨끗한 하늘과 주홍빛 노을을 볼 수 있는 섬이다.

역사

19세기말부터 영국의 북보르네오 식민지 개발의 거점 도시가 형성되었다. 당시는 제셀턴(Jesselton)라고 불렸으며, 이후 제2차 세계대전 중에는 일본군의 점령 하에 있었던 적도 있었고, 연합군에 의한 공습으로 괴멸되었다. 1947년 영국령 북보르네오 수도가 산다칸(Sandakan)에서 제셀톤으로 이동되었다. 그 후 북보르네오를 사바 주로 개칭하고 1967년 이후 현재까지 코타키나발루로 불리게 되었다. 말레이어로 Kota Kinabalu로 표기하기 때문에 KK로 널리 알려져 있다. 현재는 사바의 정치 경제의 중심임과 동시에, 휴양 리조트와 키나발루 자연공원의 관문으로 알려져 있다.

02 Here is Kota Kinabalu
코타키나발루 들어가고 나오기

한국에서 코타키나발루로

인천국제공항에서 코타키나발루국제공항까지는 비행기를 이용해 5시간 정도 걸린다. 직항으로 들어갈 수 있는 항공편으로는 국적기 대한항공, 아시아나항공을 비롯해 제주항공, 이스타항공 등의 저가항공까지 다양한 취항편이 있다. 쿠알라룸푸르를 경유해 들어가 는 방법도 있는데 쿠알라룸푸르에서 코타키나발루까지는 에어아시아, 말레이시아항공 등의 항공편을 이용할 수 있다.

> **TIP** 코타키나발루 취항 항공사
>
> 대한항공 kr.koreanair.com
> 아시아나항공 flyasiana.com
> 제주항공 www.jejuair.net
> 진에어 www.jinair.com
> 이스타항공 www.eastarjet.com
> 에어서울 flyairseoul.com
> 에어아시아 www.airasia.com
> 말레이시아항공 www.malaysiaairlines.com

코타키나발루로 들어가기

비행기를 타고 약 5시간이 지나면 코타키나발루국제공항에 도착한다. 여행의 시작이 마음을 들뜨게 하지만 비행기에서 내릴 때 잊은 물건이 없는지 다시 한 번 꼼꼼하게 확인하자.

 ❶ 입국장으로 이동
↓
 ❷ 입국 심사
↓
 ❸ 수하물 찾기
↓
❹ 세관 통과

> **말레이시아의 비자**
>
> 말레이시아는 무비자입국체결조약이 성사된 국가로 입국 시 무비자입국에 출입국신고를 작성할 필요가 없다. 양쪽 검지손가락 지문 등록만 하면 통과!

코타키나발루국제공항

코타키나발루국제공항(Kota Kinabalu International Airport, KKIA)은 시내에서 남쪽으로 13km 정도 떨어진 곳에 위치해 있다. 터미널 1과 터미널 2가 있는데 인천에서 출발하는 아시아나항공, 이스타 항공, 진에어 등의 노선은 터미널 1에 도착한다. 그 외에 쿠알라룸푸르나 쿠칭 등 말레이시아 국내와 주변 국가에서 출발하는 에어 아시아 항공편의 경우 터미널 2에 도착한다.

공항에서 시내로 이동하기

택시를 이용하는 방법이 가장 편리한 방법이며 정찰제이기 때문에 흥정이나 바가지에 신경 쓰지 않아도 된다. 공항버스의 경우 가격은 저렴하지만 숙소에 내려주는 것이 아니라 주요 정차지로만 운행하기 때문에 다시 이동해야하는 불편함이 있다. 공항에서 시내까지는 자동차로 약 10~15분 거리로 가까운 편이다.

❶ 택시 Taxi

공항에서 시내까지는 공항 택시를 주로 이용하는데 비용은 미터가 아닌 정찰제이다. 1층에 있는 택시 카운터에서 목적지에 따라 요금을 내고 택시를 탄다. 샹그릴라 라사 리아나 넥서스처럼 멀리 떨어진 리조트는 택시를 이용하면 너무 많은 비용이 나올 수 있으니 현지 여행사나 호텔에 미리 픽업을 요청하는 것도 좋다. 택시 요금은 아래와 같으니 참고하자.

AIRPORT TAXI

> **공항→와리산 스퀘어** : RM45
> **공항→샹그릴라 탄중 아루, 수트라 하버 리조트** : RM30
> **공항→ 넥서스 리조트** : RM75
> **공항→ 샹그릴라 라사 리아 리조트** : RM90
> **공항→ 원 보르네오** : RM50
> ※ 자정 이후에는 50%의 추가 요금이 발생한다.

❷ 공항버스 Airport Bus

최근 새롭게 공항버스 서비스를 시작했는데 운행 시간과 정차하는 곳이 한정적이라 모두가 이용하기에는 다소 불편함이 있다. 코타키나발루국제공항과 시내를 오가며 제1터미널과 제2터미널 사이도 운행한다. 공항버스는 코타키나발루국제공항에서 출국장을 나와서 왼쪽으로 가면 택시 카운터 옆에서 탈 수 있다. 대표적인 정차지는 가야 스트리트 부근의 드림텔 앞 버스 정류장이며, 센터 포인트 앞 등에 정차한다. 요금은 성인 RM5, 어린이 RM3이다.

> **공항→시내** : 08:00, 08:45, 09:30, 10:15, 11:00
> 11:45, 12:30, 13:15, 14:00, 14:45, 15:30, 16:15,
> 17:00, 18:30, 19:15, 20:00, 20:30
> **시내→공항** : 07:30, 08:45, 09:30, 10:15, 11:00,
> 11:45, 12:30, 13:15, 14:00, 14:45, 15:30, 16:15,
> 17:00, 17:45, 18:00, 19:15

TIP 공항에서 심카드 구입하기

코타키나발루국제공항에서 세관 검색대를 통과하면 환전소와 통신사 심카드를 판매하는 부스를 발견할 수 있다. 한국에서 신청하는 데이터 로밍보다 현지에서 심카드를 사서 갈아 끼우면 더 저렴한 요금에 인터넷을 이용할 수 있어 여행자 사이에서 인기다. Hotlink와 Digi 등의 브랜드가 있으며 브랜드마다 요금 차이는 있지만 7일 무제한 사용에 RM25 안팎이면 구입할 수 있다.

코타키나발루에서 나오기

코타키나발루 여행을 마치고 출국을 앞두고 있다면 우선 짐을 잘 꾸리고 공항으로 갈 준비를 해야 한다. 입국과 마찬가지로 택시나 숙소의 차량을 이용해 공항으로 이동하면 된다. 비행기 탑승 시간보다 최소 1시간 30분에서 2시간 전에 공항에 가서 수속을 진행하자.

공항으로 이동하기

여행을 마치고 국제공항으로 갈 때는 입국과 마찬가지로 택시나 공항버스를 이용해 이동하면 된다.

탑승 수속 및 세금 환급

공항에 도착하면 탑승 수속을 한 후 세금 환급을 위해 미리 받아둔 서류가 있다면 GTS라고 쓰여 있는 환급 부스로 간다. 말레이시아는 외국인에 한해 RM300 이상 구매 시 6%의 세금 환급을 받을 수 있다. 상점에서 받은 환급 서류와 여권, 탑승권을 제출해 도장을 받은 후 환급금이 RM300 이하의 금액이라면 근처 은행 지점에서 현금을 받으면 된다.

보안 검색 및 출국 심사 받기

기내에 들고 타는 짐은 검색대 위에 있는 바구니에 담는다. 탑승자는 여권과 탑승권을 들고 탐지기를 통과하면 된다. 여름휴가, 명절, 연말 같이 여행자들이 붐비는 시즌에는 시간이 오래 걸릴 수 있으니 공항에는 여유를 두고 도착하는 것이 좋다.

❹ 비행기 탑승하기

보통 출발 30분 전까지는 탑승 게이트에 도착해 있어야 하며 20~30분 전부터 탑승이 시작된다. 출발 10분 전쯤에 탑승이 마감되니 혹시라도 비행기를 놓치지 않도록 항상 시간을 확인해야 한다. 탑승 게이트는 티켓에 적혀 있는 게이트 번호를 확인하면 되지만, 혹시라도 중간에 변경될 수 있으니 게이트로 가기 전 모니터에서 다시 한 번 탑승 게이트 번호를 확인하고 움직이자.

03 Here is Kota Kinabalu
코타키나발루 돌아다니기

택시 Taxi

대부분의 여행자들이 이동할 때 택시를 이용하는데 현지 물가에 비하면 택시 요금이 비싼 편이다. 요금은 담합이 되어 미터로는 거의 가지 않고 정찰이라고 생각하면 되는데 대신 흥정하는 수고로움이나 바가지 요금에 대한 걱정은 덜하다. 단, 24:00~06:00 사이에는 50%의 야간 할증 요금이 붙는다. 다음의 대략적인 요금을 참고하면 도움이 될 것이다.

시내 → 수트라 하버, 이마고, 탄중아루 : RM15
시내 → 수리아 사바, 제셀톤 포인트, 가야 스
      트리트 : RM20
시내 → 공항 : RM30
시내 → 넥서스 리조트 : RM80
시내 → 샹그릴라 라사 리아 : RM90

시티 버스 City Bus

택시비가 비싼 코타키나발루 시내에서는 시티 버스를 이용하는 것도 하나의 방법이다. 기존의 버스는 무척 낡고 여행자들이 타기 어려웠지만, 시티 버스는 최신식 버스를 사용하고 에어컨도 나와 쾌적하다. 위스마 메르데카, 제셀턴 포인트, 수리아 사바, 와와산 플라자, 마리나 코트 등 시내를 순환하는 노선으로 3가지 종류가 있다. 정류장 앞에는 노선이 그려진 지도가 있으니 확인 후 탑승하면 된다. 버스는 10분에서 30분 간격으로 운행하며 요금은 RM1이다.

04 Here is Kota Kinabalu
코타키나발루 베스트 코스

코타키나발루는 휴양을 위해 많은 관광객이 찾는 곳이다. 여러 곳을 관광하며 돌아다니기보다는 리조트에서
부대시설을 이용하며 푹 쉬면서 식사나 마사지를 위해 시내로 나가는 3박 5일의 일정이 일반적이다.
하루 정도는 투어를 하면서 관광과 액티비티도 즐기도록 하자.

DAY 1

22:30 코타키나발루국제공항 도착

23:30 숙소 체크인

DAY 2

08:00 리조트에서 아침식사

10:00 리조트 수영장에서 여유로운
시간 보내기

12:30 가야 스트리트 즐기기
올드타운 화이트 커피, 푹유엔
추천

14:00 수리아 사바에서 쇼핑하기

17:00 해변을 따라 걸어 핸드 크래프
트 마켓 도착

18:30 핸드 크래프트 마켓 구경
야시장에서 꼬치구이와 누들로
저녁 식사

20:00 와리산 스퀘어의 쇼핑몰에서
마사지

DAY 3

08:00 ● 아름다운 만타나니섬 투어

16:00 ● 숙소 도착 후 샤워와 휴식

17:00 ● 리조트에서 스파

19:00 ● 리조트에서 저녁식사

DAY 4

08:00 ● 리조트에서 아침식사

11:00 ● 호텔 체크 아웃 후 짐 보관

12:00 ● 원 보르네오에서 점심식사와 쇼핑

15:00 ● 발 마사지 또는 스파 즐기기

18:00 ● 웰컴 시푸드 레스토랑에서 싱싱한 해산물로 저녁식사

21:00 ● 코타키나발루국제공항으로 이동

23:40 ● 인천국제공항으로 출발

추천 투어 코스 **1**

휴양 & 반딧불이 투어

오전에는 리조트에서 여유롭게 아침 식사를 즐긴 후 수영장에서 물놀이를 즐기면서 휴양을 만끽한 후 오후
에는 시티 모스크와 반딧불이 투어를 하는 코스다.

09:00	➡	**12:00**	➡	**13:00**
리조트에서 아침 식사 & 리조트 수영장에서 물놀이		가야 스트리트에서 점심식사		수리아 사바에서 쇼핑하기

⬇

20:00	⬅	**17:00**	⬅	**14:00**
반딧불이 투어		긴코 원숭이 관람		시티 모스크

추천 투어 코스 2

마무틱 · 마누칸 아일랜드 호핑 투어

마무틱섬과 마누칸섬을 동시에 즐길 수 있는 알찬 투어로 투명한 바다에서 스노클링을 즐기고 맛있는 BBQ 점심 뷔페도 맛 볼 수 있다. 저녁에는 시내의 맛집과 쇼핑몰을 즐기며 하루를 마무리하자.

09:00	➡	**09:30**	➡	**12:00**	➡	**13:30**
아일랜드 호핑 투어 픽업		마무틱섬 즐기기 (스노클링)		BBQ 점심 뷔페		마누칸섬 즐기기 (스노클링)

20:30	⬅	**18:30**	⬅	**16:00**
수리아 사바에서 쇼핑하기		웰컴 시푸드 레스토랑 에서 해산물 저녁식사		숙소로 돌아와서 휴식

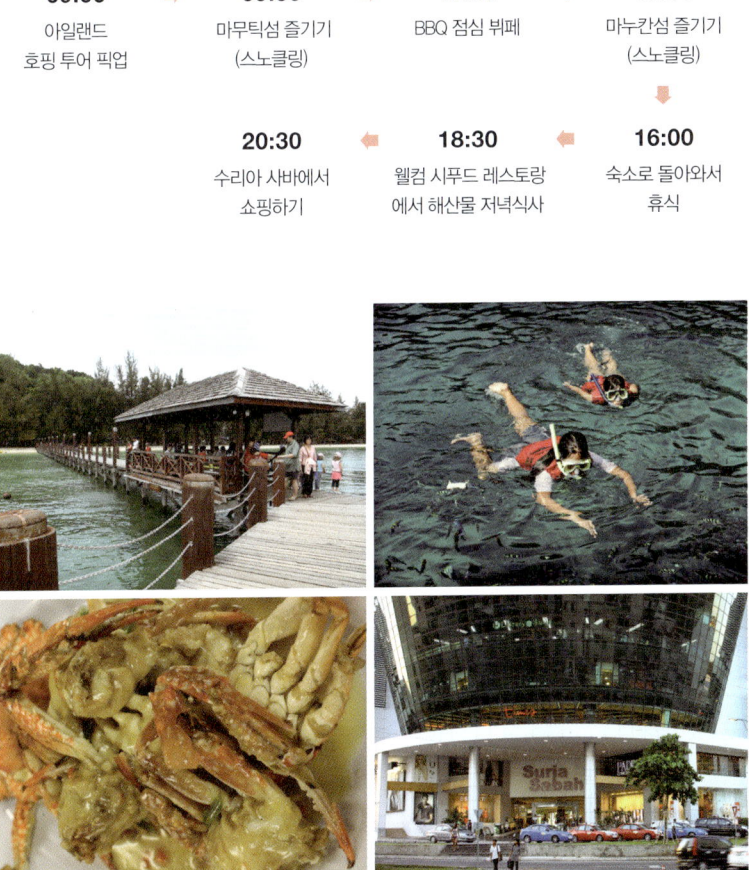

만타나니섬 투어 & 반딧불이 투어

코타니카발루에서 가장 인기가 높은 두 가지 투어를 하루 동안 알차게 모두 즐길 수 있는 일정이다. 이른 아침 숙소에서 픽업을 시작으로 만타나니섬으로 이동해 스노클링을 즐긴 후 저녁에는 긴코 원숭이와 반딧불이를 감상할 수 있다.

09:30
만타나니섬 도착
➡
12:00
BBQ 점심 뷔페
➡
13:00
스노클링 & 섬 즐기기
➡
16:00
코타 블루에서 이동
⬇

21:30
숙소로 돌아오기
⬅
20:00
반딧불이 공원에서
반딧불이 구경하기
⬅
19:00
저녁식사
⬅
18:00
긴코 원숭이 관람

05 Here is Kota Kinabalu
기억해두면 편리한 말레이어

회화

아침 인사	슬라맛 빠기 Selamat Pagi
점심 인사	슬라맛 떵아하리
	Selamat Tengahari
저녁 인사	슬라맛 퍼탕 Selamat Petang
안녕히 주무세요	슬라맛 말람 Selamat Malam
고맙습니다	뜨리마 카시 Terima Kashi
환영합니다	슬라맛 다탕 Selamat Datang
안녕히 가세요	슬라맛 잘란 Selamat Jalan
실례합니다	마앞칸 사야 Maafkan Saya
미안합니다	민따 마앞 Minta Maaf
얼마예요?	버라빠 하르가? Berapa Harga
도와주세요	똘롱 Tolong
~가 어디예요?	~디 마나? ~di mana?

단어/음식

밥	나시 Nasi
볶음밥	나시 고렝 Nasi Goreng
볶음국수	미 고렝 Mee Goreng
빵	로띠 Roti
닭고기	아얌 Ayam
오징어	소통 Sotong
새우	우당 Udang
게	케탐 Ketam
채소	사유르 Sayur
생선	이칸 Ikan
차	테 Teh
커피	코피 Kopi
물	아이르 Air

단어/일반

어디	디 마나 Di Mana
어떻게	바가이 마나 Bagai Mana
여기	디 시니 Di Sini
저기	디 사나 Di Sana
먹다	마칸 Makan
마시다	미눔 Minum
배고프다	라빠르 Lapar
하나 더	사뚜 라기 Satu Ragi
입구	마숙 Masuk
주의	아와스 Awas

전화	텔레폰 Telefom
화장실	딴다스 Tandas
비싸다	마할 Mahal
싸다	무라 Murah
예쁘다	짠띡 Cantik
도시	반다르 Bandar
섬	플라우 Pulau
강	숭가이 Sungai
산	구눙 Gunung

코타키나발루 전도

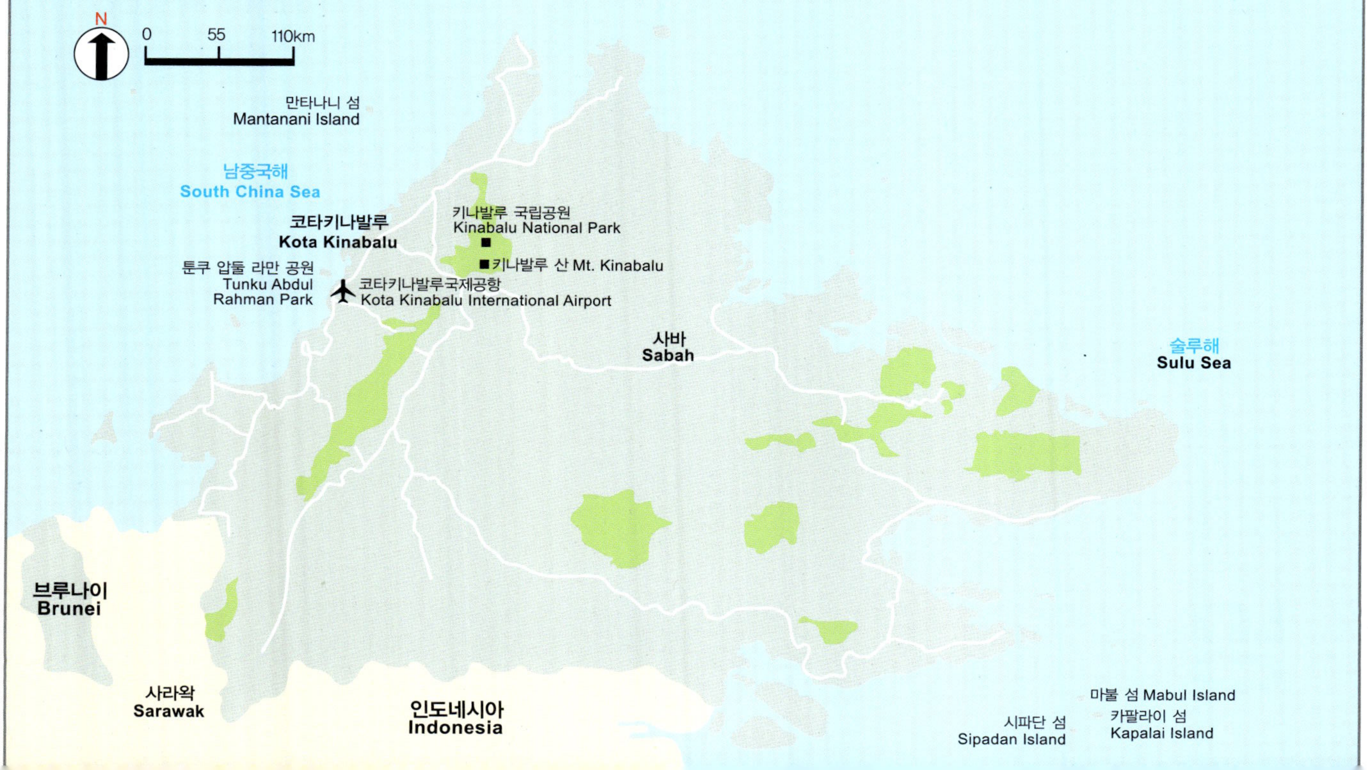

N

0 55 110km

만타나니 섬
Mantanani Island

남중국해
South China Sea

코타키나발루
Kota Kinabalu

키나발루 국립공원
Kinabalu National Park

키나발루 산 Mt. Kinabalu

코타키나발루 국제공항
Kota Kinabalu International Airport

툰쿠 압둘 라만 공원
Tunku Abdul
Rahman Park

사바
Sabah

술루해
Sulu Sea

마불 섬 Mabul Island
카팔라이 섬
Kapalai Island

시파단 섬
Sipadan Island

인도네시아
Indonesia

사라왁
Sarawak

브루나이
Brunei

Center Area
Kota Kinabalu
코타키나발루 중심

코타키나발루 중심에는 쇼핑몰, 레스토랑, 스파 등 여행자를 만족시켜주는 다양한 시설이 포진해 있다. 대부분의 숙소도 이 지역에 있으며 깔끔하고 저렴한 숙소부터 부대시설이 충실한 고급 리조트까지 종류가 다양하다. 대다수 여행자들은 리조트 안에서 한가로이 휴양을 즐기다 시내 쇼핑몰로 나가 마사지와 쇼핑, 식도락을 즐기는 여유로운 일정을 즐긴다. 특히 탄중 아루에서 바라보는 황홀한 일몰은 코타키나발루 여행에서 빼놓을 수 없는 하이라이트이다. 감동적인 일몰 감상이 끝나면 슬슬 나이트 스폿이 모여 있는 워터프런트 쪽으로 발걸음을 옮겨보자. 흥겨운 라이브 음악이 흐르는 곳에서 고운 빛깔의 칵테일을 마시며 하루를 마무리하면 완벽하다.

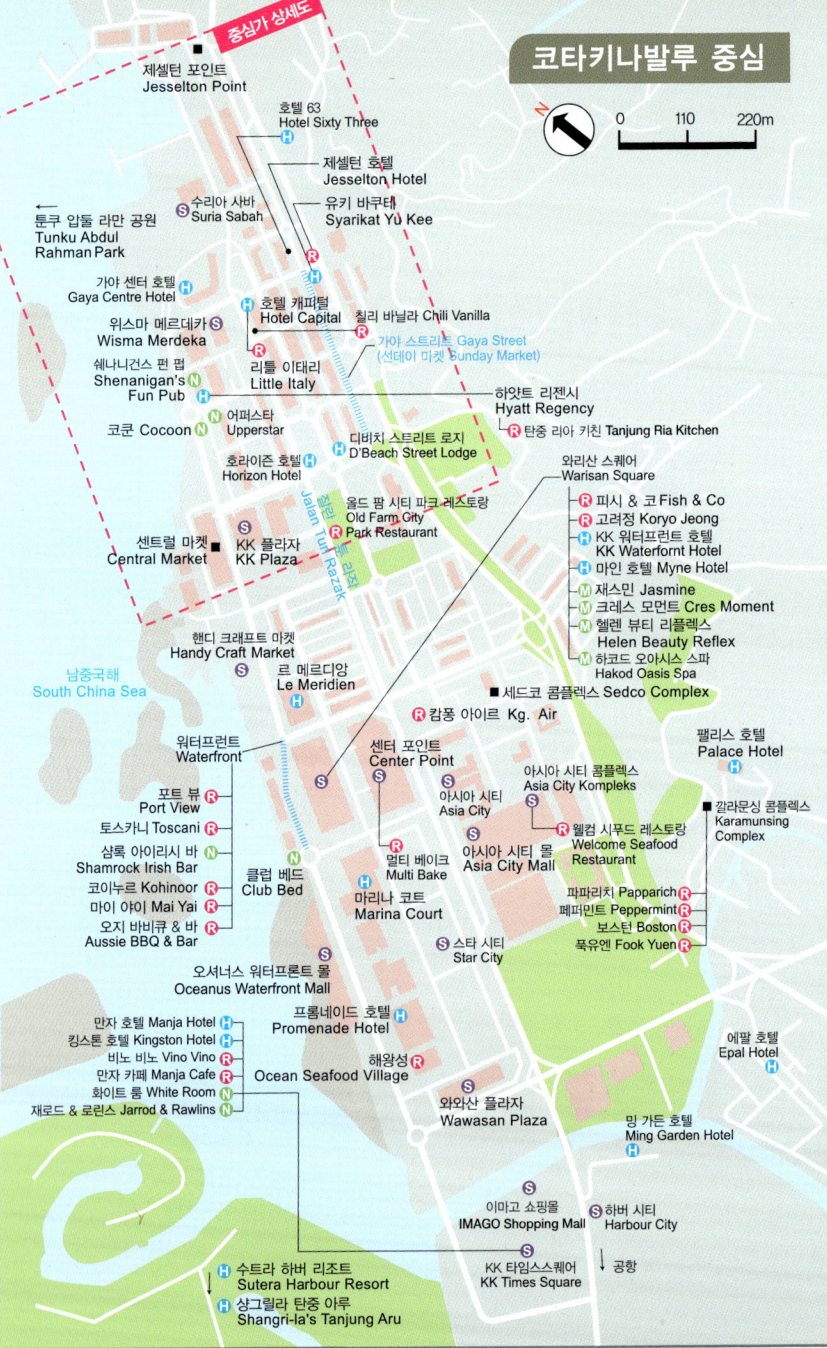

코타키나발루 중심

중심가 상세도

제셀턴 포인트
Jesselton Point

호텔 63
Hotel Sixty Three

제셀턴 호텔
Jesselton Hotel

수리아 사바
Suria Sabah

유키 바쿠테
Syarikat Yu Kee

툰쿠 압둘 라만 공원
Tunku Abdul Rahman Park

가야 센터 호텔
Gaya Centre Hotel

위스마 메르데카
Wisma Merdeka

호텔 캐피털
Hotel Capital

칠리 바닐라 Chili Vanilla

가야 스트리트 Gaya Street
(선데이 마켓 Sunday Market)

쉐나니건스 펀 펍
Shenanigan's Fun Pub

리틀 이태리
Little Italy

하얏트 리젠시
Hyatt Regency

코쿤 Cocoon

어퍼스타
Upperstar

탄종 리아 키친 Tanjung Ria Kitchen

호라이즌 호텔
Horizon Hotel

디비치 스트리트 로지
D'Beach Street Lodge

와리산 스퀘어
Warisan Square

피시 & 코 Fish & Co

고려정 Koryo Jeong

KK 워터프런트 호텔
KK Waterfornt Hotel

마인 호텔 Myne Hotel

재스민 Jasmine

크레스 모먼트 Cres Moment

헬렌 뷰티 리플렉스
Helen Beauty Reflex

하코드 오아시스 스파
Hakod Oasis Spa

올드 팜 시티 파크 레스토랑
Old Farm City Park Restaurant

센트럴 마켓
Central Market

KK 플라자
KK Plaza

핸디 크래프트 마켓
Handy Craft Market

르 메르디앙
Le Meridien

세드코 콤플렉스
Sedco Complex

남중국해
South China Sea

캄퐁 아이르 Kg. Air

팰리스 호텔
Palace Hotel

워터프런트
Waterfront

센터 포인트
Center Point

아시아 시티 콤플렉스
Asia City Kompleks

깔라문싱 콤플렉스
Karamunsing Complex

포트 뷰
Port View

아시아 시티
Asia City

토스카니 Toscani

샴록 아이리시 바
Shamrock Irish Bar

웰컴 시푸드 레스토랑
Welcome Seafood Restaurant

코이누르 Kohinoor

멀티 베이크
Multi Bake

아시아 시티 몰
Asia City Mall

마이 야이 Mai Yai

클럽 베드
Club Bed

마리나 코트
Marina Court

파파리치 Papparich

오지 바비큐 & 바
Aussie BBQ & Bar

페퍼민트 Peppermint

보스턴 Boston

스타 시티
Star City

푹유엔 Fook Yuen

오셔너스 워터프론트 몰
Oceanus Waterfront Mall

에팔 호텔
Epal Hotel

만자 호텔 Manja Hotel

프롬네이드 호텔
Promenade Hotel

킹스톤 호텔 Kingston Hotel

비노 비노 Vino Vino

만자 카페 Manja Cafe

해왕성
Ocean Seafood Village

화이트 룸 White Room

재로드 & 로린스 Jarrod & Rawlins

와와산 플라자
Wawasan Plaza

밍 가든 호텔
Ming Garden Hotel

이마고 쇼핑몰
IMAGO Shopping Mall

하버 시티
Harbour City

수트라 하버 리조트
Sutera Harbour Resort

KK 타임스스퀘어
KK Times Square

공항

샹그릴라 탄중 아루
Shangri-la's Tanjung Aru

0   110   220m

중심가 상세도

N

0   200m

제셀턴 포인트
Jesselton Point

호텔 그랜디스
Hotel Grandis

호텔 에덴 53
Hotel Eden 53

통 힝
Tong Hing

HSBC 은행

수리아 사바
Suria Sabah

S 스시 테이 Sushi Tei
R 어퍼스타 Upperstar
R 저스트 베리 Just Berry
R 더 글라스 The Glass
R 그라치에 Grazie

사바 관광청
Sabah Tourism

Jalan Haji Saman
Jalan Pantai
Gaya Street
Gaya 스트리트

가야 센터 호텔
Gaya Centre Hotel

위스마 사바
Wisma Sabah

호텔 63
Hotel 63

푹유엔 Fook Yuen
올드타운 화이트 커피
Oldtown White Coffee

리틀 이태리
Little Italy

호텔 캐피털
Hotel Capital

유키 바쿠테
Syarikay Yu Kee

제셀턴 호텔
Jesselton Hotel

쿠도스
Kudos

위스마 메르데카
Wisma Merdeka

앙스 호텔 레스토랑
Ang's Hotel Restaurant

젠큐 ZenQ

Jalan Balai Polis
Jalan 발라이 폴리스

보르네오 1945 뮤지엄 코피티암
Borneo 1945 Museum Kopitiam

하얏트 리젠시
Hyatt Regency

엘 센트로 El Centro
칠리 바닐라
Chilli Vanilla

야마고야 라멘
Yamagoya Ramen

보르네오 백패커스
Borneo Backpackers

위스마 야킴
Wisma Yakim

풍 입 카페
Fong Ip Cafe

버스 정류장

시그널 힐
Signal Hill

어퍼스타
Upperstar

버거킹
Burger King

와 메이 호텔
Wah May Hotel

KK 스위트
KK Suite

파티 플레이
Party Play

Jalan Tun Fuad Stephens
Jalan 뚠 푸앗 스테펜스

슈가 번 카페
Sugar Bun Cafe

피자헛 Pizza Hut

센트럴 마켓
Central Market

호텔 홀리데이
Hotel Holiday

호라이즌 호텔
Horizon Hotel

Sunday Market
선데이 마켓

앳킨슨 시계탑
Atkinson Clock Tower

KK 플라자
KK Plaza

디비치 스트리트 로지
D'Beach Street Lodge

Jalan Tun Razak
Jalan 뚠 라작

시티 홀
City Hall

드림텔
Dreamtel

공항버스 정류장

탄중 아루

Tanjung Aru

시내에서 6km 정도 떨어진 곳에 있는 탄중 아루는 코타키나발루에서도 손꼽히는 아름다운 해변으로 '아루 나무'라고 불리는 카수아리나 나무와 야자수들이 새하얀 백사장과 파란 바다와 어우러져 엽서같이 아름다운 풍경을 자아낸다. 낮에는 일광욕이나 해상 스포츠를 즐기고 저녁이면 세계적으로 유명한 100만달러짜리 탄중 아루의 일몰을 보러 사람들이 하나둘 모여든다. 하늘에 불이라도 난 듯 붉게 물들며 시시각각으로 변하는 석양의 드라마틱한 장관은 감동 그 자체이다.

위치 코타키나발루 남쪽, 공항에서 10분
주소 Jalan Aru, Tanjung Aru, Kota Kinabalu

선데이 마켓

Sunday Market

일요일 아침이면 선데이 마켓이 열리는 가야 스트리트는 물건을 파는 상인과 장을 보러 온 주민, 그 풍경을 구경하는 관광객이 뒤섞여 발 디딜 틈 없이 북새통을 이룬다. 과일, 채소부터 시작해 각종 기념품, 생활용품까지 만물 시장이 따로 없다. 현지인이 즐겨 먹는 전통 간식이 호기심을 자극하고 시원한 열대음료도 지천이니 하나씩 먹어가며 구경하면 재미가 배가된다. 일정 중 일요일이 끼어 있다면 사람 사는 냄새가 폴폴 풍기는 시장 구경에 나서보자.

위치 가야 스트리트, 제셀턴 호텔 앞쪽부터 300~400m
주소 Jalan Gaya, Kota Kinabalu
오픈 일요일 06:30~13:00 전후

SIGHTSEEING

핸디 크래프트 마켓

Handy Craft Market

저렴한 수제품을 파는 시장으로 기념품으로 쓸
만한 수공예품, 열쇠고리, 자석, 액세서리, 진주
같은 보석류를 판매한다. 우리나라 남대문 시장
처럼 작은 가게들이 옹기종기 붙어 있다. 가격은
저렴하지만 흥정은 필수이니 적당한 선에서 재
미삼아 깎아보자. 저녁이면 바닷가 방향으로 채
소, 과일 등을 파는 시장과 바비큐와 해산물 등
을 파는 노점들이 들어서면서 야시장으로 변한
다. 달콤한 망고와 숯불에 구운 바비큐 꼬치는
꼭 맛봐야 하는 추천 메뉴다. 북적이는 사람들
속에 자리를 잡고 현지인들과 함께 소박한 만
찬을 즐겨보자.

위치 르 메르디앙 호텔 맞은편
주소 Jalan Tun Fuad Stephens, Kota Kinabalu
오픈 08:00~22:00

SIGHTSEEING

사바 관광청

Sabah Tourism

가야 스트리트의 중심에 있는 사바 관광청은
한국어로 된 브로슈어와 여행 정보나 투어 등
에 관한 친절한 조언을 얻을 수 있는 곳이다.
이 건물은 코타키나발루에서 가장 오래된 건물
중 하나로 손꼽히는 곳이라 역사적으로도 의미
있는 곳이다.

위치 가야 스트리트, 제셀턴 호텔에서 도보 2분.
푹유엔 옆
주소 51 Jalan Gaya, Kota Kinabalu
오픈 11:30~24:00
전화 088-212-121

시그널 힐 전망대

Signal Hill Observatory Tower

코타키나발루 시내 중심에 위치한 전망대로 산책로를 따라 도보 약 15분이면 올라갈 수 있어 가벼운 마음으로 둘러보기 좋다. 전망대에 오르면 작은 카페가 있어서 시원한 음료를 마시면서 전망을 감상하기 좋다. 더운 낮에 오르는 것보다는 해질 무렵 올라서 전망을 감상할 것을 추천한다.

위치 가야 스트리트, 사바 관광청에서 도보 15분
주소 Jalan Bukit Bendera, Kota Kinabalu
오픈 10:00~24:00

제셀턴 포인트

Jesselton Point

코타키나발루 시내에 위치한 페리 터미널로 툰쿠 압둘 라만 공원(Tunku Abdul Rahman Park)으로 오가는 배들을 탈 수 있는 곳이다. 각 섬으로 갈 수 있는 티켓을 파는 매표소, 투어 업체들이 모여 있고 간단한 식사를 할 수 있는 식당과 편의시설도 한 곳에 모여 있다. 개별적으로 매표소에서 티켓을 산 후 가야섬, 마누칸섬 등으로 반나절 정도로 아일랜드 투어를 다녀올 수도 있다.

위치 가야 스트리트, 수리아 사바에서 도보 5분
주소 Lorong Satu, Kota Kinabalu
오픈 06:00~20:00
전화 088-240-709

SHOPPING

수리아 사바
Suria Sabah

쿠알라룸푸르의 쇼핑 일번지로 많은 사랑을 받고 있는 수리아가 코타키나발루에 상륙했다. 문을 연 지 오래되지 않아 아직도 계속 변화하고 있지만 코타키나발루를 찾는 쇼핑 마니아들에게는 반가운 소식이 아닐 수없다. 건물은 'ㄱ'자 형태로 제셀턴 몰(Jesselton Mall)과 키나발루 몰(Kinabalu Mall)로 나뉜다. LG층부터 2층까지는 메트로자야 백화점이 입점되어 있으며 3층에는 전망은 좋지만 맛은 보통인 푸드 코트, 6층에는 대형영화관이 자리한다. 점차적으로 유명 브랜드와 레스토랑이 속속 들어차고 있다.

위치 워터프런트 북쪽 끝, 제셀턴 포인트 가기 바로 전
주소 1 Jalan Tun Fuad Stephen
오픈 10:00~22:00
홈피 www.suriasabah.com.my

● 층별 안내도

	주요 매장	레스토랑
3층	백엔숍, 키친숍, 유안상, GNC, **시티 그로서(p.73)**	푸드 코트, **그라치에(p.91), 저스트 베리(p.91)**
2층	F.O.S(Factory Outlet Store), 온온 카메라, 자리자리 스파, 서점	
1층	SOS(Shoes of Shoes), 바타, 브랜드 아웃렛, 유니클로	시크릿 레시피, 비욘드 베지
G층	리바이스, 망고, 에스프리, 코치, 록시땅, 사사, **크랩트리&에블린(p.72), 코튼 온, 클락스, 브아 갤러리(p.72), 파디니 콘셉트 스토어(p.73)**	**스시 테이(p.90), 스타벅스, 어퍼스타(p.90)**
LG층	왓슨, 가디언, 지오다노, 다이소, 환전소	빅 애플 도넛, 치킨라이스 숍, 요요 카페, 멀티 베이크, 케니 로저스, KFC, 피자헛, BBQ 치킨

수리아 사바의 주요 매장

크랩트리 & 에블린 Crabtree & Evelyn

우리나라에도 마니아가 있을 정도로 큰 인기를 끌고 있는 목욕용품 전문 숍이다. 기본 라인인 보디워시와 보디로션 뿐만 아니라 비누, 핸드크림, 스크럽, 캔디와 차 종류까지 다양한 아이템을 만나볼 수 있다. 여행용 키트부터 선물용으로 좋은 패키지 상품까지 준비되어 있다. 특히 작게 포장된 유기농 차는 포장도 예쁘고 품질도 좋아 많은 사람들이 찾는 아이템 중 하나이다.

브아 갤러리 Voir Gallery

의류부터 신발, 슈즈와 액세서리까지 다양한 패션 소품을 한 번에 쇼핑할 수 있는 곳이다. 파디니 콘셉트 스토어나 브랜드 아웃렛 등 비슷한 콘셉트의 편집 숍이 많지만 브아 갤러리는 드레시한 옷부터 캐주얼한 콘셉트까지 꽤 다양한 디자인을 만나볼 수 있다.

파디니 콘셉트 스토어 Padini Concept Store

어지간한 대형 쇼핑몰에서라면 쉽게 만나볼 수 있는 파디니 콘셉트 스토어. 어찌 보면 말레이시아를 대표하는 편집 매장이라고 해도 과언이 아니다. 디자인도 다양하고 우리나라 여행자들이 열광하는 구두 브랜드 빈치 또한 이곳에서 만나볼 수 있으니 들러보지 않을 수 없다.

시티 그로서 City Grocer

3층에 위치한 시티 그로서는 슈퍼마켓으로 음식재료를 사는 곳이지만, 여행자에게는 기념품을 사기 좋은 곳이다. 사바 지역의 특산물인 사바 티 종류는 물론, 알리 커피와 화이트 커피 등 커피 종류도 다양하다. 망고와 두리안을 이용한 과자, 바쿠테 소스 등 호기심을 끄는 지역 특산품이 많다.

SHOPPING

와리산 스퀘어

Warisan Square

새롭게 떠오르는 신생 쇼핑몰들의 그늘에 가려 쇠락한 모습을 보이지만 여전히 코타키나발루의 대표적인 랜드마크로 꼽힌다. 와리산 스퀘어는 쇼핑몰이 아닌 스트리트 몰 콘셉트로 스파, 카페, 서점, 의류 매장 등 다양한 종류의 매장이 들어서 있는데 주변 물가에 비해 살짝 비싼 느낌이 들기도 한다. 주변이 깔끔하지 않고 내부 또한 어두운 편이라 상큼한 맛은 없지만 여전히 마스코트 역할을 하며 꾸준히 신생 스파나 호텔이 들어서고 있다. 스타벅스나 홍콩 레시피 등의 카페와 레스토랑뿐 아니라 세계적인 화장품 편집 숍인 사사, 록시, 퀵실버 등도 볼 수 있다.

위치 워터프런트 건너편
주소 Jalan Tun Fuad Stephens, Kota Kinabalu

오셔너스 워터프론트 몰

Oceanus Waterfront Mall

2015년 새롭게 문을 연 대형 쇼핑몰로 수리아 사바와 맞먹는 크기의 대형 쇼핑몰이다. 바다를 접하며 넓게 이어진 데크에서 바다 풍경을 바라볼 수 있다. 여유롭고 이국적인 분위기인 이곳은 쇼핑보다 맛있는 레스토랑과 카페가 더 다양하다. 치킨으로 유명한 난도스, 말레이시아 현지 레스토랑인 푹유엔, 일본 음식점 스시 테이, 한국식 디저트를 선보이는 눈팥(Nunpat)스타벅스 등 인기 체인 레스토랑을 만날 수 있다. 계속해서 많은 브랜드의 숍과 레스토랑이 추가로 입점 중이며 추후에는 호텔도 문을 열 예정이다.

위치 마리나 코트 맞은편, 해안가, 와리산 스퀘어에서 도보 4분
주소 Jalan Tun Fuad Stephens, Kota Kinabalau
오픈 10:00~22:00
홈피 www.oceanusmall.com.my

통 힝
Tong Hing

이 근방에서 찾아보기 힘든 고급 식료품점으로 현지
에 거주하는 외국인들이 애용하는 곳이다. 외국 식
료품이 많고 신선한 채소, 과일, 육류 등을 판매한다.
와인과 치즈도 다양하니 호텔에서 기분 내며 마실
와인이 필요하다면 이곳으로 가자. 식료품 외에도
외국 잡지, 비타민, 세면용품 등 웬만한 상품을 모두
판매하고 있어 현지에서 필요한 것을 사기 좋다. 입
구에서는 뫼벤픽 아이스크림과 빵과 디저트를 파는
베이커리가 있고, 가벼운 식사 메뉴도 제공한다.

위치 수리아 사바 맞은편, 에덴 54 호텔 옆
주소 Jalan Lapan Belas, Pusat Bandar, Kota Kinabalu
오픈 08:00~10:45
전화 088 – 230–300

KK 플라자
KK Plaza

여행자보다는 현지인이 주로 찾는 쇼핑몰로 우리의
남대문 시장처럼 의류, 잡화, 휴대폰, 기념품 등을 판
매한다. 트렌드와는 거리가 먼 쇼핑몰이지만 지하에
대형 슈퍼마켓이 있어 이곳에는 필수 쇼핑 아이템인
알리 커피를 비롯한 사바 티, 두리안 과자, 망고 초
콜릿 등 기념품으로 살만한 것들이 많다. 슈퍼마켓
규모가 제법 크고 가격도 이 근방에서는 가장 저렴
한 편이라서 슈퍼마켓 쇼핑이 목적이라면 이곳을 추
천한다. G층에 환전소가 있고 환율도 좋은 편이다.

위치 센트럴 마켓 맞은편, 하얏트 리젠시에서 도보 약 3분
주소 Jalan Lapan Belas, Pusat Bandar, Kota Kinabalu
오픈 10:00~18:00
전화 088–221–979

센터 포인트

Center Point

코타키나발루를 대표하는 쇼핑몰 중 하나로, 쇼핑
은 물론이고 레스토랑, 카페, 영화관이 한곳에 있어
논스톱으로 즐길 수 있다. 게스, 리바이스, 나이키 등
우리에게도 친숙한 브랜드부터 현지 젊은이들의 트
렌드를 엿볼 수 있는 로컬 브랜드까지 다양하게 모여
있으며 3층에는 아웃렛이 있어 알뜰한 쇼핑에 도움
이 된다. 지하에 대형 슈퍼마켓이 있어 열대 과일이
나 식료품을 쇼핑하기에도 좋다. 와리산 스퀘어 바로
옆에 있어 함께 둘러보기 좋다.

위치 와리산 스퀘어 옆
주소 Jalan Centre Point, Kota Kinabalu
오픈 10:00~21:00 전화 088-246-700

위스마 메르데카

Wisma Merdeka

현지인이 애용하는 숍과 로컬 브랜드가 많이 모여 있
는 쇼핑몰로 늘 사람들로 활기차게 북적인다. 보세
의류와 소품 숍, 작은 마사지 숍과 헤어 숍 등 다양한
가게가 꽉꽉 채워져 있으며 3층에 있는 푸드 코트는
가격이 무척 저렴하고 맛도 좋아 사람들이 즐겨 찾는
곳이다. 환전소가 몇 개 있는데, 다른 곳에 비해 환율
이 좋은 편이라 이곳에서 많이 환전한다.

위치 하얏트 리젠시 옆
주소 Jalan Tun Razak, Pusat Bandar, Kota Kinabalu
오픈 10:00~21:00
전화 088-219-753

SHOPPING

와와산 플라자

Wawasan Plaza

여행자보다는 현지인이 즐겨 찾는 백화점으로 제품도 생활 소품, 의류 등 현지인에게 초점이 맞춰져 있다. 주목할 것은 이곳 지하에 있는 '자이언트'인데 말레이시아의 대형 슈퍼마켓 체인으로 저렴하게 식료품 쇼핑을 하기에 안성맞춤이다. 이곳에서 알리 커피나 카야 잼, 사바 녹차 등을 많이 구입하며 가격도 다른 곳에 비해 조금 더 저렴하다.

위치 아피아피 센터 옆
주소 Wisma SEDCO, Wawasan Plaza, Coastal Highway, Kota Kinabalu
오픈 10:00~21:00

SHOPPING

이마고 쇼핑몰

IMAGO Shopping Mal

KK 타임스스퀘어 부지에 새롭게 오픈한 쇼핑몰로 다양한 쇼핑 브랜드와 레스토랑, 카페 등 편의시설이 집중적으로 모여 있다. 팍슨스(PARKSON) 백화점이 몰 안에 입점해 있으며 지하에 에버라이즈 슈퍼마켓(EVERRISE SUPERMARKET)이 있어 간단한 식재료나 여행자들이 기념으로 많이 사는 알리 커피, 밀크 티 등을 사기에 좋다. 깔끔한 레스토랑을 비롯해 버거킹과 같은 패스트푸드점도 있으며 한국 브랜드 카페베네를 비롯해 스타벅스와 같은 카페도 있어 쇼핑 후 쉬어가기에도 좋다.

위치 KK 타임스 스퀘어, 만자 호텔 맞은 편
주소 KK Times Square Phase 2, Off Coastal Highway, Kota Kinabalu
오픈 10:00~22:00
홈피 www.imago.my

코코아 부티크

Cocoa Boutique

초콜릿 마니아이거나 부담 없는 선물을 사고 싶다면 이곳을 방문해보자. 핫 칠리, 핫 커리, 쿨 민트, 통 캇 알리, 두리안 등 독특한 재료를 사용한 초콜릿부터 일반적으로 많이 먹는 커피나 아몬드, 땅콩 등의 초콜릿을 시식한 후 구입할 수 있다. 초콜릿의 원료와 제조 과정에 대해서도 전시해놓았으며 공방처럼 꾸민 공간은 직접 자신의 이름을 새기거나 모양 틀을 이용해 초콜릿을 만들어보는 코너도 마련되어 있다.

위치 샹그릴라 탄중 아루 진입 사거리 대각선 안쪽
주소 No. 1, Lorong Bunga Telur A, Tanjung Aru

오픈 09:00~20:00
전화 088-214-128
홈피 www.cocoaboutique.com.my

보르네오 커피 힐

Borneo Coffee Hills

 20여 종의 다양한 커피와 홍차를 시식하고 구입할 수 있는 곳이다. 우리가 통상적으로 구입하는 인스턴트 알리 커피와는 차원이 다른 통캇 알리 성분이 많이 함유된 고품질 알리 커피도 이곳에서 구입할 수 있다. 그 밖에 다양한 밀크 티와 진저 커피, 두리안 커피, 티라미수 커피 등 이름만으로도 호기심을 자극하는 다양한 커피가 있으니 그레이스 포인트와 연계해 들러보아도 좋다.

위치 그레이스 스퀘어, 그레이스 포인트 근처
주소 Lot 3A,0, GF, Grace Square Shophouse, Jalan Pantai Sembulan
오픈 11:00~22:00
전화 088-233-851
홈피 www.borneocoffeehills.com

바유 아시아나 쇼핑센터

Bayu Asiana Shopping Center

 코코넛 오일과 파파야 비누, 망고 비누 등 선물로 좋은 스파 & 배스 제품을 다양하게 갖추고 있는 쇼핑센터. 액세서리와 가죽 제품, 초콜릿, 과자, 커피 등 식료품, 말레이시아 특산품인 주석 제품까지 두루 갖추고 있다. 해산물 등 다양한 요리를 제공하는 레스토랑과 함께 스팀보트와 마사지 숍을 운영하고 있는데 마사지 숍의 경우 코타키나발루 시내에 한해 무료 픽업 서비스를 제공한다.

위치 그레이스 포인트 근처
주소 Lot 11, GF, Grace Square Shophouse, Jalan Pantai Sembulan
오픈 11:00~21:00
전화 088-266-879
홈피 www.bayuasiana.com

가야 스트리트의 레스토랑

Restaurants in Gaya Street

식도락에 중점을 둔 여행자라면 필수 코스로 꼽히는 가야 스트리트. 골목골목 숨어 있는 로컬 맛집부터 오랜 시간 꾸준히 사랑받아 온 레스토랑까지 다 찾아가려면 시간이 부족할 정도이다.

위치 수리아 사바 맞은편에 있는 호텔 캐피털(리틀 이태리) 옆 골목으로 들어가면 보이는 제셀턴 호텔 앞길

가야 스트리트

올드타운 화이트 커피 Oldtown White Coffee
젠큐 ZenQ
야마고야 라멘 Yamagoya Ramen
페퍼민트 Peppermint
파티 플레이 Party Play
사바 관광청
푹유엔 Fook Yuen
제셀턴 호텔 Jesselton Hotel
쿠도스 Kudos
선데이 마켓 Sunday Market
가야 스트리트 Gaya Street
호텔 에덴 54 Hotel Eden 54
HSBC 은행
호텔 63 Hotel 63
유키 바쿠테 Syarikat Yu Kee
풍 입 카페 Fong Ip Cafe
잘란 판타이 Jalan Pantai
앙스 호텔 레스토랑 Ang's Hotel Restaurant
파스타 파스타 Pasta Pasta
통 힝 Tong Hing
엘 센트로 El Centro
칠리 바닐라 Chili Vanilla
호텔 캐피털 Hotel Capital
리틀 이태리 Little Italy
와 메이 호텔 Wah May Hotel
잘란 하지 사만 Jalan Haji Saman
위스마 사바 Wisma Sabah
위스마 메르데카 Wisma Merdeka
수리아 사바 Suria Sabah
가야 센터 호텔 Gaya Centre Hotel
하얏트 리젠시 Hyatt Regency

RESTAURANTS

푹유엔

Fook Yuen

가야 스트리트 근처를 지나게 된다면 푹유엔에 꼭 한번 들러보자. 일부러 찾아가겠다고 마음먹지 않아도 이 일대를 걷다 보면 유난히 사람들로 북적거리는 푹유엔이 한눈에 들어올 것이다. 이곳이 이렇게 붐비는 까닭은 간단하다. 황송할 정도로 착한 가격에 맛있는 음식을 맛볼 수 있기 때문이다. 다닥다닥 붙은 앙증맞은 테이블에 자리를 잡고 앉으면 무엇을 먹어야 할지 살짝 고민이 될 수도 있다. 찜통에서 김이 무럭무럭 나는 딤섬도 먹음직스럽고, 군침 도는 말레이 음식은 선뜻 한 가지를 고를 수 없을 정도로 다양하다. 입구 쪽에는 베이커리도 있는데 현장에서 바로바로 구워 나오는 식빵을 비롯해 달콤한 타르트 종류까지 두루 갖추어 인기가 좋다. 아침 일찍부터 새벽까지 영업하므로 호텔에 조식이 포함되어 있지 않다면 아침 식사나 간식, 야참을 즐기기 위해 방문해보기를 권한다.

위치 가야 스트리트, 호텔 63 건너편
주소 54 Jalan Gaya, Kota Kinabalu
오픈 07:00~02:00
요금 1인 RM5~10

올드타운 화이트 커피
Oldtown White Coffee

말레이시아의 걸출한 레스토랑 브랜드로 말레이시아에 왔다면 반드시 한 번쯤 이곳의 커피와 토스트를 맛보자. 말 그대로 말레이시아 올드타운 한편의 작은 레스토랑을 보는 듯하다. 독특하게 꾸민 실내에 들어서면 바쁘게 오가는 스태프들의 모습과 구수하고 달달하게 풍겨오는 커피 향이 기분 좋다.

커피 종류가 다양하고, 곁들이기 좋은 토스트, 번, 디저트 메뉴도 다채롭다. 또한 말레이시아 전통 디저트인 첸돌(Cendol)도 있으니 시도해보자. 오후 6시부터 10시까지는 'My Dinner'라는 이름으로 저녁 메뉴를 제공하는데 맛도 꽤 좋아 추천할 만하다. 메인 식사 메뉴에는 음료와 디저트가 포함되어 있어 만족스러운 식사를 할 수 있다. 화이트 커피는 슈퍼마켓에서 구매할 수 있는데 매장 한편에도 쌓아놓고 판매한다.

위치 가야 스트리트, 푹유엔 바로 옆
주소 53 Jalan Gaya, Kota Kinabalu
오픈 월~일요일 07:00~다음 날 01:30
요금 1인 RM10 내외
전화 088-259-881
홈피 www.oldtown.com.my

RESTAURANTS

파티 플레이

Party Play

가야 스트리트의 떠오르는 핫 플레이스로 자유롭고 유쾌한 분위기가 매력적이다. 라이프스타일 카페라는 모토답게 레스토랑, 카페, 바의 역할까지 모두 갖추고 있는 만능 카페이다. 락사, 나시 르막 등 말레이 음식을 현대적으로 재해석한 요리와 스테이크, 파스타, 피자 등 양식 메뉴까지 두루 섭렵하고 있다. 평일 런치 세트를 이용하면 조금 더 알뜰하게 식사를 즐길 수 있다. 평일 낮 12시부터 저녁 9시까지는 해피 아워로 15% 저렴하게 맥주를 마실 수 있어 낮부터 맥주를 마시는 이들로 왁자지껄하다. 와인 리스트도 다양하게 갖추고 있어 스테이크를 썰며 디너 분위기를 내기에도 손색없다.

위치 가야 스트리트, 피자헛 맞은편
주소 9 Jalan Gaya, Kota Kinabalu
오픈 11:30~24:00
요금 락사 RM14, 피자 RM28~(세금&봉사료 16% 별도)
전화 088-210-218
홈피 www.partyplay.com.my

엘 센트로

El Centro

코타키나발루를 찾는 서양인 여행자들의 아지
트와도 같은 곳으로 저녁이면 빈자리를 찾기
힘들 정도로 인기 있다. 컬러풀하게 장식된 내
부는 이국적이고 자유분방한 분위기가 물씬 풍
긴다. 흥겨운 음악을 들으며 맛있는 음식과 맥
주 한 잔을 즐기기 좋다. 피자, 타코, 햄버거 등
의 식사 메뉴는 신선한 재료를 사용해 만들고,
맛도 좋다. 화요일에는 데킬라 이벤트, 금요일
에는 해피 아워 등 요일별로 이벤트가 있으며
종종 살사 나이트가 열려 흥겨운 공연이 벌어
지기도 하니 눈여겨보자.

위치 위스마 야킴 맞은편, 칠리 바닐라 옆
주소 32 Jalan Haji Saman, Pusat Bandar, Kota
Kinabalu
오픈 12:00∼24:00
휴무 월요일
요금 피자 RM14∼, 샐러드 RM15∼
전화 019-893-5499

유키 바쿠테

Syarikat Yu Kee(佑記肉滑茶)

식사 시간이면 줄을 서서 기다리는 수고도 감수해야
할 만큼 인기가 좋은 집이다. 메뉴는 갈비탕과 비슷
한 바쿠테와 간장 소스 맛이 나는 립, 미트볼 정도로
간단한데, 우리 입맛에도 잘 맞는다. 벽에 메뉴판이
붙어 있고 사진이 크게 있어서 주문하기 어렵지 않
다. 고민이 된다면 가장 많이 시키는 9번 립 바쿠테
와 7번 미트볼을 시켜보자. 약간의 한약 향기가 녹아
있는 독특한 풍미를 가져 현지인들은 보양식 개념으
로 많이 먹는다. 허름한 외관에 잠시 망설여질지도
모르나 코타키나발루 최고의 바쿠테로 손꼽히는 맛
을 보고 싶은 이들이라면 꼭 도전해보자.

위치 제셀턴 호텔 건너편
주소 74 Jalan Gaya, Kota Kinabalu
오픈 16:00~23:00

요금 바쿠테 RM6~
전화 088-221-192

젠큐

ZenQ

대만식 디저트를 먹을 수 있는 곳으로 밝고 친근한
분위기가 눈길을 끈다. 다양한 디저트의 이름판을 빼
곡하게 채우고 있는데, 따뜻한 디저트도 있지만 더
운 날씨 덕분에 대부분 시원한 것으로 주문한다. 추
천 메뉴는 스노우 아이스(Snow Ice) 메뉴로 팥, 땅콩,
고구마 등의 종류가 있는데 그중에서도 망고를 강력
추천한다. 눈꽃처럼 부드러운 빙수와 달콤한 망고 과
육, 망고 젤리가 곁들여져 나와 입에서 사르르 녹는
다. 유키 바쿠테에서 저녁을 먹은 후 2차로 이곳에서
디저트를 먹으면 완벽하다.

위치 가야 스트리트, 유키 바쿠테 옆
주소 78 Jalan Gaya, Kota Kinabalu
오픈 11:00~23:00

요금 밀크 티 RM5.90 , 망고 스노우 아이스 RM9.90
전화 012-802-1638
홈피 www.zenq-em.com

RESTAURANTS

칠리 바닐라

Chili Vanilla

오픈한 지 얼마 되지 않았지만 깔끔한 서비스와 독특한 메뉴,
꾸준한 맛으로 트립 어드바이저에서도 좋은 평가를 받는 신생
레스토랑이다. 특히 헝가리인 셰프의 손끝에서 완성되는 헝가
리언 푸드와 메디테리니언 푸드는 독특하고 신선하다. 그들이
해장용으로 먹는다는 굴라시도 시도해볼 만하다. 굴라시와 함
께 스파이시 덕 토르티야는 이 집의 자랑거리로, 꽤 맛있다. 메
뉴가 많지 않고 심플하며 식후에는 홈메이드 케이크로 마무리
하는 것도 좋다.

위치 KK 엠포리움 건너편, 위스마 메르데카 길 건너편
주소 35 Jalan Haji Saman, Pusat Bandar, Kota Kinabalu
오픈 11:00~22:00
휴무 일요일
요금 헝가리언 굴라시 RM14.90, 스파이시 덕 토르티야 RM17.90
(봉사료 10% 별도)
전화 088-238-098

RESTAURANTS

쿠도스

Kudos

제셀턴 호텔의 대표 레스토랑으로 사랑을 받았던 '벨라'가 '쿠
도스'라는 이름으로 재탄생했다. 피자와 파스타와 같은 이탤
리언 메뉴부터 프렌치, 스패니시 메뉴까지 두루 섭렵하고 있
다. 우아하고 로맨틱한 분위기라서 기분을 내며 디너를 즐
기기에 제격이다. 오후 3시부터 7시까지는 피자와 파스타를
50% 할인된 가격에 판매하니 기억해두자. 맛을 물론이고 다
양한 이벤트가 있어 더욱 사랑스러운 곳이다.

위치 가야 스트리트, 제셀턴 호텔 1층
주소 69 Jalan Gaya, Kota Kinabalu
오픈 07:00~22:00
요금 피자 RM22~, 파스타 RM32~(세금&봉사료 16% 별도)
전화 088-313-366
홈피 www.kudosbistro.com

RESTAURANTS

리틀 이태리

Little Italy

호텔 캐피털에 있는 리틀 이태리는 이탤리언 셰프가 운영하
는 곳답게 현지의 맛을 잘 살린 피자와 파스타로 호평받는 이
탤리언 레스토랑이다. 파스타와 피자뿐 아니라 리소토, 라자
냐, 뇨키, 라비올리 등 메뉴판에 적힌 것 중 아무런 고민 없이
대강 주문해도 간은 조금 센 편이지만 무난하다. 그중에서도
손꼽히는 리틀 이태리의 대표 주자는 볼로네제 파스타와 해
산물 리소토. 갓 구운 빵과 마늘이 듬뿍 들어간 버터를 함께
내오는 브레드 바스켓이다. 때에 따라 편차가 있는 서비스는
유명 맛집의 고질적인 덤이라 여기자.

위치 수리아 사바 건너편
주소 23 Jalan Haji Saman, Kota Kinabalu
오픈 10:00~23:00
요금 피자 RM17.90~, 파스타 RM24~(세금&봉사료 16% 별도)
전화 088-232-231
홈피 www.littleitaly-kk.com

RESTAURANTS

펫 키 커피숍/앙스 호텔 레스토랑

Fatt Kee Coffee Shop/Ang's Hotel Restaurant

간판보다는 앙스(Ang's)라는 호텔 간판이 눈에 띄는 이 로
컬 식당은 어떻게 알고 찾아왔는지 외국인의 행렬이 끊이
지 않는다. 식사 시간이면 어김없이 주변을 어슬렁거리며
줄을 서야 하는데 다른 사람들과 합석하는 것은 당연한
일이니 각오를 해두자. 우리 입맛에 맞는 중국 스타일의
말레이 음식을 맛볼 수 있는데, 가격도 놀랄 만큼 저렴한
데다 맛도 있어 이 집의 인기에 고개를 끄덕이게 된다. 추
천 메뉴로는 달달하니 맛있는 치킨윙과 스위트＆샤워 포
크 등이며 대부분의 메뉴가 맛있는 편이다.

위치 위스마 메르데카 건너편
주소 28 Jalan Pantai, Kota Kinabalu
오픈 11:00~22:00
요금 스위트 & 샤워 포크 RM9, 치킨윙 RM10~15

RESTAURANTS

페퍼민트
Peppermint

베트남의 맛(A Tastes of Vietnam)이라는 부제가 붙어 있는 로컬 레스토랑 페퍼민트는 이름과는 전혀 다른 분위기의 서민적인 맛집이다. 주로 치킨을 베트남식으로 조리한 메뉴가 대부분인데, 이곳의 치킨라이스와 프라이드치킨은 잊지 못할 맛으로 입소문이 자자하다. 언제 방문해도 식사하는 현지인들로 북적거린다. 진한 국물의 쌀국수와 베트남식 커피도 꼭 맛보자.

위치 가야 스트리트 제셀턴 호텔에서 약 50m 거리
주소 1 Jalan Gaya, Kota Kinabalu
오픈 08:00~22:00
요금 치킨라이스 RM5.5~, 누들 RM6.5~(세금&봉사료 16% 별도)
전화 088-231-130

RESTAURANTS

퐁 입 카페
Fong Ip Cafe

가야 스트리트에서 현지인들의 사랑방 역할을 하고 있는 카페로 식사도 가능하다. 저렴한 가격에 현지 음식을 비롯해 간단한 간식을 먹을 수 있어 하루 종일 사람들로 북적인다. 가장 만만한 메뉴는 가야 잼을 바른 가야 토스트와 말레이식 밀크 티인 테 타릭으로 출출할 때 간식으로 그만이다. 간단한 토스트인데도 가야 잼, 버터, 땅콩 잼, 두리안 등 구성이 무척 다양한 것이 특징이다. 그 외에 나시 르막, 락사 등의 식사 메뉴도 알차다. 아침으로 좋은 세트 메뉴가 있어 주변의 조식이 포함되지 않은 숙소에서 묵는다면 이곳에서 아침을 먹어도 좋다.

위치 가야 스트리트, KK 스위트 옆
주소 100 Jalan Gaya, Kota Kinabalu
오픈 07:00~다음 날 01:00
요금 가야 토스트 RM 1.60~, 나시 르막 RM3.90

보르네오 1945 뮤지엄 코피티암

Borneo 1945 Museum Kopitiam

이름처럼 오랜 세월을 간직한 코피티암으로 소박하지만 멋스러움이 녹아 있는 카페이다. 이 건물은 제셀턴 지역 신문을 발행하던 언론 사 'Chung Nam'이 있던 곳으로 제2차 세계대전 이후 첫 콘크리트 구조의 건물이라 더 의미가 깊다. 커피와 음료 몇 가지가 전부인 단출한 메뉴지만 오후에 복고풍 분위기 속에서 보르네오 화이트 커피 한 잔으로 잠깐의 여유를 즐겨보자.

위치 파티 플레이에서 도보 약 3분, 가야 스트리트 건너편 잘란 발라이 폴리스에 위치한 보르네오 백팩커스 1층
주소 24 Jalan Dewan, Kota Kinabalu
오픈 07:30~24:00

휴무 일요일
요금 테 타릭 RM2.50~, 커피 RM5~
전화 088-252-891

슈가 번 카페

Sugar Bun Cafe

가야 스트리트의 중심에 있고 주변에 저렴한 게스트하우스들이 많아 오가며 시원한 음료를 마시거나 간단히 요기하기 좋은 곳이다. 나시 르막, 미 훈과 같은 말레이 음식부터 햄버거와 같은 양식까지 두루 갖추고 있다. 더위에 지쳤다면 말레이식 디저트 '아이스 카창(Ice Kacang)'을 시켜보자. 얼음을 곱게 갈아 만든 우리나라의 빙수와 비슷한 디저트로 달콤하고 시원해서 무더위에 제격이다.

위치 가야 스트리트, 파티 플레이에서 도보 약 1분. 비비 카페 옆
주소 120 Jalan Dewan, Kota Kinabalu
오픈 09:00~22:00
요금 나시 르막 RM5.30, 주스 RM3.50~
전화 088-218-326

수리아 사바의 레스토랑
Restaurants in Suria Sabah

수리아 사바는 코타키나발루의 대표적인 쇼핑과 다이닝 스폿이다. 녹록지 않은 코타키나발루의 택시비를 생각한다면 쇼핑과 다이닝을 한 번에 해결할 수 있는 수리아 사바의 레스토랑에 관심을 가질 수밖에 없다.

주소 Jalan Tun Fuad Stephens, Kota Kinabalu
홈피 www.suriasabah.com.my

RESTAURANTS

스시 테이
Sushi Tei

인도네시아, 싱가포르, 호주 등 여러 곳에 수많은 체인을 거느린 인기 스시 전문 레스토랑이다. 고급스러운 분위기에 가격도 적당하고 다른 곳보다 뛰어난 맛을 자랑하는 초밥과 메뉴들이 스시 테이의 가장 큰 장점. 회나 스시도 신선한 편이며 라멘과 부수적인 메뉴도 일정 수준을 유지한다.

위치 수리아 사바 G층
오픈 11:00~23:00
요금 회전초밥 RM2~8, 롤 RM6.50~(세금&봉사료 16% 별도)
전화 088-485-595
홈피 www.sushitei.com

RESTAURANTS

어퍼스타
Upperstar

인기 만발 펍 레스토랑 어퍼스타가 수리아에 새로운 지점을 오픈했다. 밤이 되면 호프 한잔에 간단히 요기하기에 좋지만 이곳의 푸짐한 웨스턴 푸드는 일반 식사로도 부족함이 없다. 합리적인 가격에 맛볼 수 있는 스테이크나 램 찹 종류를 추천한다.

위치 수리아 사바 G층
오픈 월~목요일 11:00~다음 날 01:00, 금·토요일·공휴일 전날 10:30~다음 날 01:30, 일요일 10:30~다음 날 01:00

요금 버거 RM7.95~, 램 찹 RM18.95(세금&봉사료 16% 별도)
전화 088-487-223

RESTAURANTS

저스트 베리

Just Berry

달콤하고 시원한 디저트를 먹고 싶다면 이곳으로 가자. 말레이시아 대표 디저트인 첸돌은 물론 땅콩가루를 듬뿍 뿌린 홍콩식 디저트, 밀크 티를 이용한 디저트 등 열대 과일과 아이스크림을 이용한 디저트의 종류가 꽤 다양하다. 그중에서도 달콤한 망고를 넣은 망고 빙수(Mango Loh)를 추천한다. 부드러운 빙수에 달콤한 망고가 곁들여져 나와 더위에 지쳐 있을 때 먹으면 정신이 번쩍 든다. 마성의 과일로 통하는 두리안을 이용한 디저트도 있으니 호기심 많은 여행자라면 도전해보자.

위치 수리아 사바 3층
오픈 11:00~22:00
요금 첸돌 RM4.50, 망고 빙수 RM9.50
전화 088-448-884

RESTAURANTS

그라치에

Grazie

그라치에는 이탤리언 레스토랑으로 이탈리아 출신 셰프가 선보이는 정통 이탤리언 요리를 맛 볼 수 있다. 파스타와 피자와 같은 친근한 메뉴는 물론 와인과 곁들이기 좋은 애피타이저와 달콤한 디저트까지 골고루 갖추고 있다. 토마토 소스가 더해진 라비올리 'Ravioli de Carne'와 해산물이 듬뿍 들어간 'Spaghetti Marinara'가 대표적인 추천 메뉴다. 정통 이탤리언 요리와 함께 로맨틱한 디너를 즐기고 싶다면 강력 추천한다.

위치 수리아 사바 3층
오픈 12:00~21:30
요금 파스타 RM19.80~, 피자 RM 26.80~
전화 019-821 6936
홈피 www.grazieristorantekk.com

더 글라스
The Glass

수리아 사바의 히든 플레이스로 이름처럼 통유리창으로 된 시원스러운 레스토랑이다. 럭셔리까지는 아니어도 꽤 분위기가 있는 레스토랑이라 현지인들이 데이트나 특별한 날 오는 곳이다. 나시 고렝, 사테 등의 말레이시아 음식부터 스테이크, 피자 등의 양식까지 선택의 폭이 넓고 가격도 비싸지 않은 편이라 부담이 없다. 야외 좌석은 탁 트인 공간에서 바람을 맞으며 식사를 즐길 수 있어 더욱 인기 있다.

위치 수리아 사바 7층
오픈 11:00~22:00
요금 나시 고렝 RM11.90~, 그릴 치킨 RM15.90(세금&봉사료 16% 별도)
전화 088-447-117

TIP **수리야 사바의 먹거리**

수리야 사바에는 레스토랑이 곳곳에 모여 있어 쇼핑 후 식사나 커피 한 잔을 즐기기에 부족함이 없다. 지하에는 KFC, 피자헛과 같은 대중적인 브랜드와 카페들이 모여 있어 간편하게 식사를 즐기기 좋다. G층 바깥쪽으로는 스타벅스가 있고, 무선 인터넷도 무료로 즐길 수 있으니 커피 브레이크 타임을 가져보자. 3층에는 푸드 코트가 있는데 종류는 한정적이고 맛은 보통이지만 가격이 무척 저렴해서 알뜰 여행족에게 추천한다. 무엇보다 이곳 푸드 코트는 통유리창 너머로 시원한 바다 전망을 감상하며 식사를 할 수 있어 특별하다.

와리산 스퀘어의 레스토랑
Restaurants in Warisan Square

얼마 전까지만 해도 코타키나발루를 대표하는 쇼핑과 다이닝 스폿이었던 와리산 스퀘어. 지금도 지역을 대표하는 랜드마크임에는 분명하지 만 몇몇 마사지 숍과 레스토랑을 제외하고는 황량한 느낌을 지울 수 없어 안타깝다.

위치 워터프런트 길 건너편 원 보르네오와 무료 셔틀로 왕복 가능
주소 Jalan Tun Fuad Stephens, Kota Kinabalu

RESTAURANTS

고려정
Koryo Jeong

마음 좋은 한국인 부부가 운영하는 깔끔한 한식당으로 규모는 크지 않지만 깨끗하고 정갈하게 꾸며져 있다. 세심한 서비스와 맛깔스러운 밑반찬, 간이 적당한 한국 음식 메뉴를 보고 있노라면 무엇을 시켜야 할지 잠시 갈등이 된다. 특이하게도 한국인보다 외국인 손님이 많은데 구워 먹는 고기가 일등 메뉴. 얼큰한 김치찌개와 맛깔나는 비빔밥도 추천할 만하다. 밑반찬을 추가하면 RM3이 부과된다.

위치 와리산 스퀘어 블록 B, 2층
오픈 월~토요일 11:00~22:00, 일요일 13:00~22:00
요금 김치찌개 RM18, 삼겹살 RM28(봉사료 10% 별도)
전화 088-448-860

RESTAURANTS

코피 핑 카페
Kopi Ping Cafe

다소 썰렁한 와리산 스퀘어의 D블록, 2층 코너를 돌면 숨겨진 맛집의 모습을 드러낸다. 식사 시간이면 빈자리가 없을 정도로 인기가 좋은 곳으로 트렌디한 카페 같은 분위기에서 말레이 음식을 저렴하게 즐길 수 있다. 버터 치킨라이스, 커리 치킨, 미훈 등 말레이시아 음식은 물론 파스타, 와플과 같은 메뉴도 있다. 특히 점심 시간에는 RM8.80에 메인 요리와 음료, 레드빈 수프가 포함된 알찬 런치 세트를 먹을 수 있다.

위치 와리산 스퀘어 블록 D, 1층 16호
오픈 10:00~23:00
요금 치킨라이스 RM5, 피시 볼 미훈 RM6.50
전화 088-447-956

워터프런트의 레스토랑

Restaurants in Waterfront

워터프런트 지역은 바다를 코앞에 두고 레스토랑과 바들이 밀집해 있다. 낮에는 낮대로 밤이면 밤대로 나름의 매력이 있어 여행자들이 많이 찾는 지역이기도 하다.

위치 와리산 스퀘어 건너편 바닷가
주소 The Waterfront, Jalan Tun Fuad Stephens, Kota Kinabalu

RESTAURANTS

마이 야이
Mai Yai

워터프런트의 명당에 자리 잡은 덕분에 가격대는 좀 높은 편이지만 썩 괜찮은 태국 음식을 맛볼 수 있다. 본격적인 식사가 아니라 한가롭게 앉아 맥주 한잔에 간단히 요기하고 싶다면 태국식 파파야 샐러드 쏨땀과 바삭하게 튀겨낸 치킨윙을 곁들여보자. 진짜로 파인애플에 담겨 나오는 달콤한 파인애플 볶음밥과 당면과 해산물을 새콤매콤하게 무쳐 나오는 얌운센도 맛있는 편이다. 안쪽으로도 자리가 있지만 바다를 마주한 야외석이 인기 있다.

위치 워터프런트, 토스카니 옆
오픈 11:30~23:00
요금 똠얌쿵 RM7.90, 타이 커리 RM23.90~(세금&봉사료 16% 별도)
전화 088-234-841

RESTAURANTS

토스카니
Toscani

코타키나발루를 방문한 여행자라면 꼭 한 번은 토스카니에서 맛있는 시푸드 피자를 먹으며 일몰을 즐겨보자. 얇고 바삭한 도우와 담백한 토핑으로 맛을 낸 토스카니의 피자는 둘이 먹다가 하나가 죽어도 모를 정도로 맛있다는 후문이다. 피자 외에 파스타도 수준급의 맛을 자랑한다. 커다란 나무 술통과 범선 모형, 따뜻한 느낌의 체크무늬 테이블보로 덮여 있는 아늑한 실내석과 운치 있는 나무 데크 위 좌석이 마련되어 있다. 일몰 시간이 가까워지면 어느새 하나둘 모여드는 사람들로 석양을 보기 좋은 야외 데크 자리뿐만 아니라 실내석까지 손님들로 꽉 들어차니 예약은 필수이다.

위치 워터프런트, 마이 야이 옆
오픈 11:00~16:00, 17:30~23:00
요금 파스타 RM16.90~, 라자냐 RM19.90(세금&봉사료 16% 별도)
전화 088-242-879

코이누르

Kohinoor

코타키나발루에서 인도 음식하면 코이누르라는 공식이 있을 만큼 인도 음식의 일인자로 통하는 맛집이다. 진한 커리 향을 따라 들어가면 입구에서는 쉴 새 없이 난을 반죽해 옆의 탄두리에서 굽고 있다. 내부는 이국적인 인도의 신비로운 정취가 물씬 풍긴다. 커리의 종류가 다양해서 고민된다면 치킨 티카 마살라(Chicken Tikka Masala)를 추천한다. 부드럽고 매콤한 맛이 우리 입맛에도 잘 맞는다. 라이스는 물론이고 고소한 난도 잊지 말고 함께 맛보자.

위치 워터프런트 앞, 오지 바비큐 바 옆
오픈 11:00~15:00, 18:00~23:00
요금 난 RM4.50~, 치킨 탄두리 RM19.90~(세금&봉사료 16% 별도)
전화 088-235-160

오지 바비큐 & 바

Aussie BBQ & Bar

바다를 바라보며 시원한 맥주 한 잔을 즐기고 싶다면 이곳으로 가자. 이름처럼 호주식 그릴 메뉴를 다루는 레스토랑 겸 바이다. 주종목은 역시 바비큐로 달콤한 소스를 발라 구운 스페어 립, 허브 버터를 가미한 점보 프론 등의 그릴 메뉴이다. 식사가 아니더라도 가볍게 즐기기 좋은 스낵 메뉴도 고루 갖추고 있으며, 해피 아워에는 칵테일과 맥주를 조금 더 저렴하게 먹을 수 있다. 푸짐하게 나오는 피시&칩스와 시원한 맥주를 마시며 노을을 감상해보자.

위치 워터프런트 앞, 샴록 아이리시 바 옆
오픈 11:30~24:00
요금 립 아이 스테이크 RM85(세금&봉사료 16% 별도)
전화 088-243-449
홈피 www.aussiebbqandbar.com

수트라 하버 리조트의 레스토랑
Restaurants in Sutera Harbour Resort

코타키나발루를 대표하는 리조트답게 수트라 하버 리조트에는 다양한 콘셉트의 레스토랑이 즐비하다. 리조트에 묵지 않는다 해도 리조트도 구경하고 한번쯤 이곳의 레스토랑을 방문해보는 것도 나쁘지 않다.

주소 1 Sutera Harbour Boulevard, Kota Kinabalu
전화 088-318-888
홈피 www.suteraharbour.com

RESTAURANTS

실크 가든
Silk Garden

수트라 하버 리조트 안에는 레스토랑이 많이 있는데, 그중에서도 가장 맛있다고 소문이 자자한 곳이 바로 실크 가든이다. 동양적인 분위기가 물씬 풍기는 깔끔한 중식당으로, 다양한 중국 요리와 해산물 요리를 선보인다. 뇨냐 소스를 곁들여 만든 병어구이인 펌프릿 피시 위드 뇨냐 소스(Pomfret Fish With Nyonya Sauce)는 독특한 소스 맛이 일품이며 버터드 타이거 프론(Buttered Tiger Prawn)은 고소한 버터 소스와 통통한 새우가 어우러진 맛이 기가 막힌다. 단품 메뉴도 인기가 좋지만 이곳의 진짜 인기 스타는 런치에 제공하는 딤섬 뷔페. 80여 가지 메뉴를 맛볼 수 있으니 희소식이 아닐 수 없다. 한 번에 4가지 요리를 주문할 수 있고 다 먹어야 다음 메뉴를 주문할 수 있다. 천천히 여유 있게 맛보고 남기면 벌금을 내야 하니 주의하자. 한국어로 적힌 메뉴판을 갖추어 미리 요청하면 편리하게 주문할 수 있다.

위치 퍼시픽 수트라 1층
오픈 11:30~14:30, 18:30~22:30(토·일요일·공휴일 11:00~15:00, 18:30~22:30)
요금 라이스류 RM24~, 누들 RM30~, 딤섬 뷔페 RM64(세금&봉사료 16% 별도)
전화 088-318-888

알프레스코
Al'Fresco

유럽에 와 있는 듯 밝고 캐주얼한 이탤리언 레스토랑으로 앞에 바다가 펼쳐져 근사한 전망을 자랑한다. 햄버거, 샌드위치 등 가벼운 메뉴도 있지만 기왕이면 정통 이탤리언 스타일의 파스타와 피자를 맛보자. 신선한 해산물을 풍성하게 곁들여 나오는 마리나라와 얇은 파스타 면, 통통한 타이거 프론의 조화가 환상인 엔젤헤어 파스타가 맛있다. 피자로는 4가지 다양한 맛을 한 번에 맛볼 수 있는 피자 콰트로(Pizza Quatro)를 추천한다.

위치 마젤란 수트라 1층
오픈 11:00~23:00
요금 옥토퍼스 샐러드 RM28, 파스타 RM34~, 피자 RM38~
(세금&봉사료 16% 별도)
전화 088-318-888

스파이스 아일랜드
Spice Island

스파이스 아일랜드는 이국적인 분위기를 즐기며 음식 문화에 호기심을 가지고 있는 이들에게 추천할 만한 레스토랑이다. 리조트 건물과 떨어진 곳에 자리해 고즈넉하고 우아한 분위기를 만끽할 수 있으며 특히 해 질 무렵엔 테라스를 통해 입이 떡 벌어질 만한 아름다운 일몰을 즐길 수 있다. 브리야니 난 등 인도식 말레이 음식이 주를 이루는데 인테리어마저도 독특한 향신료들로 꾸며져 있어 호기심을 자극한다. 테이블에 자리를 잡으면 시원하고 상큼한 깔라만시 주스가 웰컴 드링크로 제공되는데, 더위에 지친 몸과 마음이 한꺼번에 리프레시되는 느낌이 든다.

위치 마리나&컨트리클럽 3층
오픈 18:30~23:00
요금 세트 메뉴 RM120(세금&봉사료 16% 별도)
전화 088-318-888

깔라문싱 콤플렉스의 레스토랑
Restaurants in Karamunsing Complex

우리나라의 용산 전자 상가를 떠올리게 하는 깔라문싱 콤플렉스 현지인이 쇼핑을 위해 찾는 곳이다. 여행자에게 쇼핑 스폿으로서의 매력을 꼽자면 대형 슈퍼 자이언트 정도가 있는 것이 전부다. 단, 깔라문싱 콤플렉스 뒤편으로는 페퍼민트, 푹유엔 등 유명 레스토랑과 카페들이 모여 있어 팰리스 호텔을 비롯한 근처에 묵는다면 한 번쯤 들러볼 만하다.

위치 팰리스 호텔 근처, 시내에서 차량으로 10~15분 정도 소요 **주소** Lot 3, 45 Karamunsing Capital, Jalan Tunku Abd. Rahman, Kota Kinabalu

RESTAURANTS

파파리치
Papparich

너무나 단정한 전형적인 모던 레스토랑의 모습이지만 말레이시아 전통 메뉴에 초점을 맞춘 곳이다. 간단히 즐길 수 있는 딤섬도 먹을 만하고 독특하고 깔끔한 누들 종류도 만나다. 현지인들은 치킨라이스를 많이 주문하는데 호불호가 갈리는 명확한 메뉴이기도 하다. 무선 인터넷이 제공되고 분위기도 여유로워 커피 한잔에 잠시 쉬어 가기에도 그만이다.

위치 깔라문싱 콤플렉스 1층 40호
주소 Jalan Tuaran Lama, Kota Kinabalu

오픈 월~목요일 10:00~24:00, 금~일요일 · 공휴일 전날 10:00~다음 날 01:00
요금 딤섬 RM5.30~, 누들 RM9.90~, 나시 르막 RM10.90(봉사료 10% 별도)
전화 088-487-887

RESTAURANTS

페퍼민트
Peppermint

가야 스트리트에서도 만날 수 있는 페퍼민트. 깔끔한 내부만 보면 이렇게 진한 국물의 쌀국수를 이곳에서 맛보리라고는 상상도 되지 않는다. 고수가 들어간 국수가 부담스럽다면 이곳의 치킨라이스에 도전해보자. 스팀과 스파이시 치킨이 있는데 한국인의 입맛에는 스파이시 치킨이 더 잘 맞는다. 부드러운 닭고기는 냄새가 거의 나지 않고 고소해서 치킨라이스에 거부감이 있는 사람이라도 맛있게 즐길 수 있다.

위치 깔라문싱 콤플렉스 1층

오픈 10:00~22:00
요금 치킨라이스 RM6.5, 누들 RM8~, 베트남식 커피 RM3

보스턴

Boston(又一城)

토스트, 커피, 누들 등 간단히 먹는 홍콩 스타일 식사 메뉴인 차찬텡을 맛볼 수 있는 곳으로 메뉴도 다양하고 그림으로 고를 수 있어 편리하다. 우리 입맛에도 잘 맞는 다양한 재료를 이용한 덮밥 종류도 있고 그릴 요리와 토스트도 맛볼 수 있다.

위치 깔라문싱 콤플렉스 1층 E-0-6호
오픈 10:00~24:00
요금 토스트 RM2.35~, 덮밥 RM8.95~(세금&봉사료 16% 별도)
전화 088-447-097
홈피 www.mybostonworld.com

푹유엔

Fook Yuen

설명이 필요 없는 인기 만점 로컬 레스토랑. 가격 부담 없이 이것저것 간식이나 식사를 해결하기에 좋다. 다른 지점보다 좀 더 깔끔한 분위기로 매장 규모도 여유로운 편이다. 김이 모락모락 나는 딤섬을 1~2개 골라 먹어도 좋고 취향에 맞는 맛깔나는 반찬을 골라 담아 밥과 함께 먹을 수 있는 나시 짬뿌르도 맛있다.

위치 깔라문싱 콤플렉스 1층
오픈 07:00~다음 날 02:00
요금 1인 RM10

린타스 플라자의 레스토랑
Restaurants in Lintas Plaza

린타스는 비교적 여행자들의 발길이 뜸한 지역
이다. 시내에서 반드시 차로 이동해야 한다는
불편함이 있지만 이곳에는 현지인이 많이 찾는
로컬 맛집부터 상큼한 카페까지 의외로 쏠쏠한
다이닝 스폿을 만날 수 있다. 코타키나발루를
처음 찾는 초보자보다는 2~3번 이상 방문한 경
험이 있는 여행자에게 추천할 만하다.

위치 시내에서 자동차로 15~20분 정도 소요
주소 Lintas Plaza, Jalan Lintas, Kota Kinabalu

RESTAURANTS
브래스 멍키
Brass Monkey

다양하고 익살맞은 표정의 귀여운 원숭이 인형으로
온통 장식되어 있는 이곳을 본다면 굳이 간판을 확
인하지 않아도 단박에 브래스 멍키임을 짐작할 수
있을 것이다. 코타키나발루의 물가를 고려한다면 상
당히 높은 가격임에도 꾸준히 인기를 얻고 있는 이
곳은 여행자뿐 아니라 현지인에게도 큰 사랑을 받
으며 현지 유력 인사들도 자주 방문한다고 한다. 인
기의 비결은 고집스럽게 최상의 재료로 최고의 맛
을 지켜온 인도인 주인아저씨의 노력에서 비롯된
듯하다. 이곳에서 맛봐야 할 메뉴는 스테이크. 입에
서 살살 녹는 스테이크 맛도 일품이지만 풍미가 진

한 초콜릿 푸딩과 제대로 된 망고 다이키리(Mango
Daiquiri)는 이 집의 또 하나의 별미다.

위치 린타스 플라자 내
오픈 17:00~다음 날 01:00
요금 1인 RM60~100(세금&봉사료 16% 별도)
전화 088-261-543

RESTAURANTS
요요 카페
Yoyo Café

요요 카페는 수리아 사바, 센터 포인트에서도 만나
볼 수 있지만 린타스 플라자 지점이 규모도 훨씬
크고 분위기도 좋다. 2층 건물에 음료와 베이커리
가 잘 갖추어져 있어 이 근처에 식사하러 들렀다면
요요 카페에서 음료와 베이커리로 여유로운 시간
을 보내길 추천한다. 독특한 이름의 음료와 함께 요
요 카페에서 빼놓지 말고 꼭 맛보아야 할 것은 미니
크루아상. 초코와 플레인 2가지 맛이 있는데 가격도
저렴한 데다 갓 구워낸 크루아상의 맛은 정말 환상
적이다. 둘 다 맛있지만 한 가지를 골라야 한다면 플
레인을 맛보자.

위치 린타스 플라자 내 1층 92호
오픈 10:30~23:00
요금 코코넛 큐브 밀크 티 RM3.8, 펄 밀크 티 RM4.30
전화 088-317-166

RESTAURANTS

케다이 코피 지아 샹

Kedai Kopi Jia Siang(家香生肉麵)

이름도 어렵고 시내에서 다소 멀지만 린타스에 갔다면 이 집에 들러 국수 한 그릇 주문해보자. 향이 가미된 생육면(生肉麵)으로 유명한 집인데 치킨라이스도 판매한다. 가격도 황송할 정도로 저렴하다. 특히 짜장면처럼 생긴 건로멘은 우리 입맛에도 잘 맞고 양도 많지 않아 부담 없이 시도해볼 만하다. 국물이 있는 면은 칠리 소스를 넣어 먹으면 맛있는데 소스가 워낙 유명해 많이 사간다고 한다.

위치 린타스 플라자 내 1층 1호
오픈 07:30～다음 날 01:00
요금 모든 메뉴 RM5.5
전화 016-830-3435

RESTAURANTS

푸핑 딤섬

Foo Phing Dimsum

관광객의 발걸음이 드문 잘란 린타스에서 의외로 현지인이 자주 찾는 대박 맛집을 심심치 않게 발견할 수 있다. 푸핑 딤섬 또한 그런 식당 중 하나. 가게를 뒤늦게 확장하는 바람에 조그만 길을 사이에 두고 2개의 공간으로 분리되어 있다. 이 집에서 맛보지 않으면 후회할 요리는 뭐니 뭐니 해도 딤섬. 조그마한 찜통 속에 담긴, 김이 모락모락 나는 형형색색의 다양한 딤섬을 보고 있노라면 절로 군침이 돈다.

위치 린타스 플라자에서 도보 약 7분
주소 Kolam Centre Pase II, Taman Hilltop, Lintas, Kota Kinabalu

오픈 17:30～다음 날 02:00
요금 딤섬 RM2.8～(세금&봉사료 16% 별도)
전화 088-259-692

> **TIP** 그 밖의 볼거리
>
>
>
> 린타스로 이왕 발걸음을 옮겼다면 구석구석 몇 안 되는 숍도 돌아보고 시간을 좀 더 보내는 것도 나쁘지 않다. 린타스 리플렉솔로지(오픈 12:00～24:00 **전화** 088-233-989)는 오후 12시부터 7시까지 해피 아워로 RM44를 내면 아로마 오일 마사지를 받을 수 있다. 토쿠토쿠야는 일본식 백엔숍으로 아기자기한 물건이나 다양한 소스, 간식거리를 저렴한 가격에 판매하므로 한번 둘러볼 만하다.

102

그 밖의 레스토랑

Other Restaurants

주요 지역 외에도 이름난 식당들이 곳곳에 숨어 있는데 그 중에서도 아시아 시티 주변에 위치하고 있는 웰컴 시푸드 레스토랑은 코타키나발루를 대표하는 인기 해산물 레스토랑으로 여행자들 사이에서 필수 코스로 통한다.

RESTAURANTS

웰컴 시푸드 레스토랑

Welcome Seafood Restaurant

도로를 따라 끝도 없이 테이블을 놓아 규모마저도 입이 딱 벌어지는데 착한 가격에 한 번, 감칠맛 나는 맛에 또 한 번 놀라게 되는 맛집이다. 전형적인 왁자지껄한 시푸드 레스토랑으로 수조에 담겨 있는 해산물을 고르고 조리 방법을 지정해주면 요리해서 서브하는 방식이다. 직원들이 바쁘고 영어가 잘 통하지 않지만 대부분 친절한 편이다. 보통 새우는 칠리 소스로, 게는 칠리 소스나 블랙 페퍼 소스로 주문하고, 삼발로 매콤하게 무쳐낸 사바베지를 곁들여 볶음밥을 추가하면 무난하다. 푸짐한 식사를 상큼하게 마무리할 수 있는 깔라만시 주스도 추천할 만하다.

위치 아시아 시티와 스타 시티 중간에 위치, 아시아 시티 콤플렉스
주소 Lot G18, GF, Kompleks Asia City, Phase 2A, Jalan Asia City, Kota Kinabalu
오픈 12:00~24:00 휴무 설날, 하리 라야, 크리스마스 연휴
요금 새우 RM70(1kg), 게 RM7(1마리), 로브스터 RM 320(1kg)
전화 088-447-866
홈피 www.wsr.com.my

탄중 리아 키친

Tanjung Ria Kitchen

하얏트 리젠시에서 운영하는 뷔페 스타일의 레스토랑으로 점심과 저녁 뷔페는 외부에서도 찾아올 만큼 꽤 인기가 높다. 말레이시아 전통 요리를 중심으로 피자, 파스타와 같은 친숙한 요리와 디저트, 열대 과일 등 폭 넓은 요리를 선보인다. 저녁에는 고기와 해산물을 이용한 그릴 메뉴도 많다. 고급스러운 분위기에서 다채로운 맛을 즐기고 싶은 이들에게 추천한다. 호텔 투숙객의 경우 10% 할인을 받을 수 있다.

더 라운지(The Lounge)에서는 가벼운 차와 디저트를 즐기기 좋은데 말레이 전통 디저트를 이용한 애프터눈 티를 경험할 수 있다. 티핀(Tiffin)이라 불리는 찬합 통에 담겨 나오며 매일 오후 3시부터 5시(RM35)까지 운영된다.

위치 사바 관광청에서 도보 5분, 하얏트 리젠시 1층
주소 Jalan Datuk Salleh Sulong, Kota Kinabalu
오픈 점심 12:00~14:30 저녁 18:30~22:00
요금 점심 뷔페 RM100, 저녁 뷔페 RM145
전화 088-221-234
홈피 kinabalu.regency.hyatt.com

해왕성

Ocean Seafood Village

코타키나발루에서 제일 유명한 시푸드 레스토랑
으로 연회장처럼 큰 규모에 한 번 놀라고 해산물
의 양과 종류에 두 번 놀라는 곳이다. 살아 있는
해산물을 직접 고를 수 있고 조리법 또한 입맛에
맞게 선택할 수 있다는 것이 가장 큰 장점이다. 가
격대는 만만치 않지만 신선한 재료와 맛깔 나는
소스가 어우러진 제대로 된 해산물 요리를 맛보고
싶은 이들이라면 추천하고 싶다.

위치 워터프런트 끝자락 와와산 플라자 옆
주소 4 Lorong Api-Api 3, Api-Api Centre, Kota
Kinabalu
오픈 12:30~22:30
요금 킹 로브스터 RM30(100g)(세금&봉사료 16% 별도)
전화 088-264-701

TIP **야시장 분위기 내면서 해산물 즐기기**

하얏트 리젠시 호텔 앞에는 바닷가 주변으로 광장과 같은 데크가 설치되어 있어 매일 오후 해가 질 무렵이
면 사람들이 이곳으로 모여 노을을 감상한다. 붉게 물드는 노을과 함께 해산물을 즐기고 싶다면 바로 왼쪽
에 있는 노천 식당가로 가자. 고급스러움과는 거리가 멀지만 여러 종류의 싱싱한 해산물이 먹기 좋다. 원하
는 재료를 골라서 주문할 수 있으며 가격은 흥정은 필수다.

안중 페르다나 탄중 아루

Anjung Perdana Tanjung Aru

여러 개의 부스가 옹기종기 모여 있는 일종의 호커 센터로 열대 과일과 현지 음식들이 맛깔나게 쌓여 있다. 특히 불이라도 난 것처럼 연기가 자욱한 곳에는 코타키나발루 최고의 치킨 사테와 치킨윙을 먹을 수 있는 바비큐 코너가 모여 있다. 가격도 저렴하고 입에 착착 붙는 소스 맛이 기가 막혀 1~2개로는 성이 차지 않을 정도로 맛있다. RM4만 내면 4명이 먹어도 남길 만큼 양이 많은 망고 주스도 빼놓지 말고 마셔볼 것!

위치 탄중 아루에서 샹그릴라 탄중 아루로 들어가는 방향
주소 Aru Drive, Tanjung Aru, SW of Kota Kinabalu, Kota Kinabalu
오픈 11:00~23:00

캄퐁 아이르

Kg. Air

'물의 마을'이라는 의미의 캄퐁 아이르는 야시장 같은 분위기의 전형적인 해산물 레스토랑 밀집 지역으로, 10개 내외의 점포가 중앙의 테이블을 중심으로 빙 둘러싸고 있는 형태로 있다. 펄떡펄떡 뛰는 생선이며 싱싱한 조개와 간단한 로컬 음식까지 저렴한 가격에 원하는 소스와 조리법으로 메뉴를 선택해 맛볼 수 있다. 밤늦은 시간까지 맥주와 함께 푸짐한 식사를 하기 위해 몰려드는 관광객과 현지인들로 북적거린다. 몇몇 가게에서는 한국인의 취향에 맞게 회와 함께 초고추장도 제공한다.

위치 세드코 콤플렉스 옆
주소 Sedco Square, Kampung Air, Kota Kinabalu
오픈 15:00~다음 날 01:30
요금 킹 크랩 RM10(100g)~, 킹 타이거 프론 RM16~50(1마리)

106

RESTAURANTS

그레이스 포인트
Grace Point

단순한 푸드 코트로 단정 지어버리기에는 시설도, 음식 수준도 기대 이상으로 뛰어나다. 비교적 저렴한 가격에 다양한 나라의 맛있는 메뉴를 고루 맛볼 수 있어 한국인 여행자에게도 큰 인기를 끌고 있다. 특히 수트라 하버 리조트 등 시내와 가까워 접근성도 좋은 편. 한국 음식부터 베이커리까지 음식의 종류도 다양할 뿐 아니라 공간도 여유롭고 시설 또한 나무랄 데가 없어 한 번쯤 식사하러 들러볼 만하다. 주변에 귀여운 기념품 숍과 제대로 된 알리카페(말레이시아산 커피)를 구입할 수 있는 상점도 있어 연계해 일정을 짜보는 것도 좋은 방법이다.

위치 수트라 하버 리조트 건너편. 그레이스 빌 근처
주소 Jalan Pantai, Sembulan, Kota Kinabalu
오픈 09:00~22:00
요금 1인 RM10 내외(세금 6% 별도)

RESTAURANTS

킹 후 레스토랑
King Hu Restaurant

아는 사람만 찾아간다는 숨겨진 맛집, 킹 후 레스토랑은 찾아가기 쉬운 편은 아니지만 일부러 찾아가서 식사를 해볼 만한 가치가 있다. 북적거리는 중국의 길모퉁이 식당 같은 분위기의 이곳에서는 북경 오리를 꼭 맛보자. 얇고 바삭한 오리 껍질을 밀전병에 싸서 채 썬 파와 춘장을 곁들여 먹는 맛이란 먹어본 사람만이 알 수 있는 별미다. 밑반찬과 물을 주문할 때에는 별도의 요금이 청구된다. 신용카드는 사용할 수 없다.

위치 잘란 피낭 탄중 아루
주소 Lot 3, GF, Jalan Pinang, Tanjung Aru, Kota Kinabalu
오픈 11:30~14:00, 18:00~21:00
요금 1인 RM20~25(세금&봉사료 16% 별도)
전화 088-234-966

RESTAURANTS

비노 비노
Vino Vino

최근 핫 플레이스로 떠오르고 있지만 아직은 썰렁한 KK 타임스스퀘어 한편에 핫 플레이스다운 수준 높은 이탈리언 레스토랑의 면모를 보여주는 곳이다. 충실한 와인 리스트도 갖춘 정통 파인 다이닝으로 적당한 드레스 코드를 지켜 방문하는 것이 좋다.

위치 KK 타임스스퀘어 내 J-57호
주소 KK Times Square, Jalan Coastal, Kota Kinabalu
오픈 월~토요일 12:00~24:00, 일요일 16:00~24:00
요금 샐러드 RM18~, 파스타 RM20~(세금&봉사료 16% 별도)
전화 088-486-363

RESTAURANTS

만자 카페
Manja Cafe

KK 타임스스퀘어에서 가장 부담 없이 식사를 즐길 수 있는 곳으로 다양한 말레이시아 음식을 만날 수 있다. 단품으로 주문할 수 있고 뷔페식으로 먹고 싶은 음식을 접시에 담아서 먹을 수도 있다. 대부분의 메뉴가 RM10 미만으로 가격이 저렴한 편이다. 식사 외에도 커피, 티, 주스 등 음료도 다양하다. 말레이식 밀크 티 '테 타릭'을 마시며 쉬어가기에도 좋다.

위치 KK 타임스스퀘어, 만자 호텔 옆
주소 KK Times Square, Jalan Coastal, Kota Kinabalu
오픈 06:00~22:00
요금 아얌 라이스 RM7, 버터 치킨라이스 RM8
전화 088-486-601

멀티 베이크
Multi Bake

1990년 탄생한 로컬 브랜드의 베이커리 숍으로 현지에서는 꽤 퀄리티 높은 빵으로 인기가 많은 편이다. 나름 아시아 퍼시픽 굿 브랜드로 수상한 경력도 있다. 달콤한 에그 타르트부터 샌드위치, 페이스트리 등 선택의 폭이 넓으며 창의적이고 독특한 빵들도 눈에 띈다.

위치 센터 포인트 내
주소 Jalan Centre Point, Kota Kinabalu
오픈 10:00~22:00
홈피 www.multibake.com

시크릿 레시피
Secret Recipe

센터 포인트 내에서 찾을 수 있는 말끔한 레스토랑으로 유일하다시피 한 시크릿 레시피는 말레이시아뿐 아니라 아시아 여러 곳에서도 만나볼 수 있는 유명 체인 레스토랑이다. 무난한 메뉴와 모던하고 깔끔한 인테리어에 친절한 서비스로 편안하게 식사를 즐길 수 있다. 특히 쇼핑몰 내에 위치한 이곳은 시원한 에어컨이 가동되어 쾌적한 시간을 보낼 수 있다. 가격이 다소 비싼 편이고 음식은 그럭저럭 무난하지만 디저트로 즐길 수 있는 다양한 케이크는 맛이 뛰어나다.

위치 센터 포인트 4층
주소 Jalan Centre Point, Kota Kinabalu
오픈 10:00~21:30
요금 나시 르막 RM15.5, 파스타 RM17.5(세금&봉사료 16% 별도)
전화 088-262-728

NIGHTLIFE

쉐나니건스 펀 펍

Shenanigan's Fun Pub

코타키나발루 나이트 라이프의 터줏대감 자리를 지키고 있는 곳으로 하얏트 리젠시에서 운영한다. 중앙에는 화려한 술병이 가득한 바가 있고 한쪽에 당구대도 눈에 띈다. 본격적으로 춤을 추고 노는 클럽이라기보다는 캐주얼한 스타일의 펍으로 가볍게 맥주 한 잔 걸치면서 어깨를 들썩이기 좋은 편안한 분위기이다. 오후 9시부터 12시 45분까지 흥겨운 라이브 밴드의 공연이 펼쳐지며 R&B, 힙합, 록까지 음악 장르도 다양하다. 주말에는 1시간 더 긴 새벽 1시 45분까지 라이브 음악이 이어지고 분위기도 한층 무르익는다. 호텔에서 운영하는 펍인 만큼 반바지나 슬리퍼 차림보다는 약간의 드레스 코드를 맞추는 센스를 잊지 말자.

위치 워터프런트, 하얏트 리젠시 옆
주소 Jalan Datuk Saleh Sulong, Kota Kinabalu

오픈 월~목요일 17:00~다음 날 01:00, 금 · 토요일 17:00~다음 날 02:00
휴무 일요일
요금 맥주 RM20~, 칵테일 RM22~(세금&봉사료 16% 별도)
전화 088-221-234

NIGHTLIFE

클럽 베드

Club Bed

여행자는 물론 현지인에게도 인기가 좋은 클럽으로 끼가 넘치는 밴드들의 흥겨운 라이브 공연이 이곳의 하이라이트이다. 오후 9시부터 1시간씩 하루 3번 라이브 무대가 펼쳐지는데 특히 주말 밤이면 열기가 후끈 달아오른다. 홀과 바 자리 이외에도 푹신한 소파가 놓인 베드 좌석이 있어 편안하게 기대어 라이브 음악에 취하기 좋다. 다양한 음료와 칵테일 메뉴를 갖추었으며 오후 8시부터 9시까지는 해피 아워로 15~30% 할인된 가격에 음료를 즐길 수 있다.

위치 워터프런트, 와리산 스퀘어 앞
주소 Jalan Tun Fuad Stephens, Kota Kinabalu
오픈 20:00~다음 날 03:00

요금 맥주 RM11~, 칵테일 RM20~(세금&봉사료 16% 별도)
전화 088-251-901

NIGHTLIFE

어퍼스타
Upperstar

규모가 상당히 큰 펍으로 1층 입구는 아담해 보이지만 2층으로 올라가면 옆 건물과 연결되어 크고 넓은 야외석과 실내석이 마련되어 있다. 저녁이 되면 맥주 한잔을 앞에 두고 이야기를 나누느라 시간 가는 줄 모르는 여행객들로 언제나 북적인다. 어퍼스타의 대표적인 메뉴는 뭐니 뭐니 해도 그릴을 이용한 스테이크 메뉴. 서로인 스테이크는 쫄깃한 육질에 입에서 살살 녹는 풍부한 육즙으로 서양인에게 특히 인기가 있다고 한다.

위치 하얏트 리젠시 맞은편
주소 Segama Complex, Jalan Datuk Salleh Sulong, Kota Kinabalu
오픈 16:30~다음 날 02:00

요금 맥주 RM6.90~, 칵테일 RM15~(세금&봉사료 16% 별도)
전화 088-270-775

NIGHTLIFE

샴록 아이리시 바
Shamrock Irish Bar

코타키나발루에서 맛있다고 소문난 맛집들이 옹기종기 모여 있는 워터프런트에서도 눈에 띄게 북적이는 곳이다. 전형적인 캐주얼 펍으로 다양한 나라에서 온 여행자들 속에 섞여 왁자지껄 떠들며 기분 좋게 맥주 한잔을 들이키기 좋은 친근한 분위기이다. 바다를 바라보고 있는 야외 테라스 자리가 특히 인기이며 맥주나 칵테일 이외에 식사로도 부족함이 없는 든든한 메뉴가 많은데 입에서 살살 녹는 스테이크와 홈메이드 치킨버거가 이 집의 대표 메뉴이다.

위치 워터프런트 앞, 코이누르 옆
주소 Lot 6, Anjung Samudera, Waterfront, Kota Kinabalu
오픈 12:00~다음 날 01:00

요금 칵테일 RM22~, 스낵 바스켓 RM28(세금&봉사료 16% 별도)
전화 088-249-829

자리자리 스파

Jari-Jari Spa

자리자리는 손가락이라는 의미로, 이름처럼 정확한 지점을 손가락으로 눌러 피로를 풀어주는 마사지 실력이 일품인 곳이다. 원주민 스타일의 다양한 메뉴를 선보이는 자리자리 스파는 정해진 메뉴 이외에도 시간만 정해놓고 원하는 마사지를 취향에 맞게 고를 수 있다. 6개 룸과 10명의 테라피스트가 상주하는데 마사지를 원한다면 반드시 예약하는 것이 좋다. 황량한 주변과는 달리 실내는 고급스러우면서도 프라이빗한 분위기이며 실력에서도 이미 여러 번의 수상으로 검증되었다. 팰리스 호텔과 수리아 사바 2층에 분점이 있다.

위치 탄중 아루 플라자 2층
주소 Tanjung Aru Plaza, 1 Jalan Mat. Salleh, Tanjung Aru, Kota Kinabalu
오픈 월~토요일 10:00~22:00, 일요일 · 공휴일 11:00~22:00

요금 풋 테라피 RM96(45분), 팜 마사지 RM173(60분) (세금&봉사료 16% 별도)
전화 088-272-606, 수리아 사바 088-487-257, 팰리스 호텔 088-311-676
홈피 www.jarijari.com.my

만다라 스파

Mandara Spa

리조트 안에 세계적인 고급 스파 브랜드 만다라 스파가 있어 밖으로 나가지 않고도 최상의 시설에서 정성스러운 스파를 받을 수 있다. 2층으로 된 스파는 규모가 제법 크고 시설 또한 흠잡을 데 없이 고급스럽다. 특히 커플 룸은 바다가 내려다보이는 전망에 자쿠지까지 갖추어 신혼여행객에게 1순위로 인기를 끌고 있다. 발리니즈 마사지가 가장 인기 있으며 패키지 중에는 보디 스크럽과 마사지를 함께 즐길 수 있는 하모니 패키지도 인기가 있다.

위치 마젤란 수트라 리조트 안
주소 1 Sutera Harbour Boulevard, Kota Kinabalu

오픈 10:00~22:00
요금 발리니즈 마사지 RM195, 만다라 마사지 RM345(50분 기준)(세금&봉사료 16% 별도)
전화 088-318-888

재스민

Jasmine

시원하고 정성스러운 마사지를 경험할 수 있는 중급 마사지 숍으로 정갈한 시설과 탁월한 실력에 비하면 가격은 합리적이라 더욱 만족도가 높다. 2개의 방에 베드가 13개 놓여 있고 커튼으로 분리되어 있다. 와리산 스퀘어 안에 있는 만큼 쇼핑과 식사를 즐기고 난 뒤 피로를 풀 겸 들러 마사지를 받기에 최적이다. 특히 따뜻하게 달군 돌로 뭉친 근육을 시원하게 풀어줘 혈액순환에 좋은 스톤 마사지가 이곳의 주특기이다. 풋 마사지와 아로마 오일 마사지가 복합된 패키지 프로그램은 마사지를 즐기고 싶은 이들에게 추천한다.

위치 와리산 스퀘어 블록 A, 2층
주소 Warisan Square, Jalan Tun Fuad Stephens, Kota Kinabalu

오픈 10:30~23:00
요금 아로마 오일 마사지 RM70(60분), 스톤 마사지 RM125(120분)(세금&봉사료 16% 별도)
전화 088-447-333

헬렌 뷰티 리플렉스

Helen Beauty Reflex

와리산 스퀘어에는 저렴하고 실속 있는 알짜배기 마사지 숍이 많이 모여 있는데 그중에서도 가장 평판이 좋은 곳이다. 2층으로 총 26개 베드를 갖추고 있으며 깔끔하고 군더더기 없는 시설이다. 시설이나 분위기를 따지기보다는 저렴한 가격에 시원한 마사지를 받기 원하는 이들에게 제격인 곳. 총 3개 분점을 갖고 있으며 센터 포인트 2층에도 분점이 있으니 편한 곳으로 골라 가면 된다.

위치 와리산 스퀘어 블록 B, 13호
주소 Warisan Square, Jalan Tun Fuad Stephens, Kota Kinabalu
오픈 10:00~23:00
요금 마사지 패키지 RM80~(세금 6% 별도)
전화 088-447-172

호텔 63

Hotel Sixty Three

100개 객실을 보유한 호텔 63은 가야 스트리트 한복판에 있어 식도락을 즐기기에 좋고 수리아와도 도보로 이동할 수 있어 입지 조건은 나무랄 데 없다. 호텔 옆에 썩 괜찮은 베이커리와 편의점도 있다. 객실은 여느 고급 호텔 못지않게 럭셔리하고 잘 꾸며져 있다.

가장 하위 카테고리인 스탠더드룸은 객실 상태는 좋은 편이나 아래층에 배정되면 다소 답답한 느낌이 드니 가능하면 위층으로 예약하길 권한다. 패밀리 딜럭스룸은 4인까지 투숙할 수 있어 가족여행객들에게 편리하다. 이그제큐티브 딜럭스와 스위트룸은 객실 사이즈도 여유롭지만 럭셔리한 자쿠지 시설과 리빙룸 등이 갖추어져 있다. 객실 면에서는 만족스러우나 레스토랑, 수영장 등 부대시설이 전혀 없는 것에 비해 가격은 다소 높은 편이다.

위치 가야 스트리트, 사바 관광청 맞은편

주소 63, Jalan Gaya, Kota Kinabalu

요금 슈피리어 US$85~, 딜럭스 US$95~, 스위트 US$320~

전화 088-212-663

홈피 www.hotelsixty3.com

수트라 하버 리조트

Sutera Harbour Resort

코타키나발루에서 가장 한국인에게 익숙한 이름이 바로 수트라 하버 리조트이다. 세계적인 체인 리조트도 아닌 수트라 하버 리조트가 이렇게 유명해진 데에는 부대시설이 충실한 리조트의 면모뿐 아니라 다양한 즐길 거리와 볼거리를 갖춘 복합 문화 단지의 역할을 충실히 하고 있기 때문이다. 리조트는 마젤란 수트라와 퍼시픽 수트라 2개로 나뉘어 있다. 수영장을 비롯한 각종 부대시설과 레스토랑, 마리나 & 컨트리클럽, 골프 컨트리클럽 등 단순히 리조트라고 하기에는 규모가 어마어마한 수준이다. 마젤란 수트라는 전통적인 건축양식과 나무를 많이 사용해 열대 리조트의 정취가 많이 느껴진다. 반면 퍼시픽 수트라는 현대적인 분위기와 비즈니스적인 편리함이 더 강조되었다. 사피, 마누칸 등으로 나가는 섬 투어의 대부분이 수트라 하버 리조트 안에 있는 선착장에서 출발하기 때문에 투어를 이용하기에도 최적의 조건을 갖추었다.

위치 수트라 하버 블러바드, 공항에서 10분
주소 1 Sutera Harbour Boulevard, Kota Kinabalu
요금 퍼시픽 수트라 딜럭스 US$164~, 마젤란 수트라

딜럭스 US$240~
전화 088-318-888
홈피 www.suteraharbour.co.kr

TIP 🗨️ **수트라 하버를 똑똑하게 즐기는 방법, 골드 카드**

발급 방법
수트라 하버 리조트 여행상품 판매 여행사에서 일괄 구매가 가능하며 개별 구매는 불가능하다. 출국하기 전 미리 신청하면 체크인 때 카드가 발급되며 체크아웃 때 카드를 반환하면 된다. 요금은 1박 기준 성인 US$90, 어린이 US$600이며 최소 2일 이상 사용해야 발급이 가능하다.
www.suteraharbour.co.kr(한국어)

혜택
• 레스토랑: 런치와 디너(세트메뉴 & 뷔페), 음료 1잔 제공

• 골프: 드라이빙 레인지 1일 1회 무료, 골프장 이용료 특별할인
• 마누칸 아일랜드: 호핑투어 1회 무료(사전예약 필수), 해산물 BBQ 뷔페 1회, 왕복 페리 포함
• 키즈클럽: 키디스 클럽 무료 이용(만3~12세)
• 레이트 체크아웃: 체크아웃 18시까지
• 그 외 리조트 내의 모든 레스토랑에서 식음료 10% 할인, 만다라 스파, 바디센서스의 스파 트리트먼트, 북보르네오 증기기관차 10% 할인 등 다양한 할인 혜택이 있다.

골프 & 컨트리 클럽 Golf & Country Club

수트라 하버 골프 코스는 유명한 디자이너 그레이함 마시(Graham Marsh)가 설계했으며 아름다운 해안을 바라보면서 골프를 즐길 수 있다. 27홀의 챔피언십 골프코스에는 버뮤다 잔디가 깔려 있다. 코타키나발루에서 유일하게 밤 11시(화, 금, 토)까지 야간 티업이 가능하다는 점이 장점이다. 마스터카드 다이아몬드 고객의 경우 객실 예약 시 혜택을 받을 수 있다.

키즈 클럽 Kid Club

수트라 하버 리조트에는 총 2개의 키즈 클럽이 있으며 어린이들을 위한 실내 외 놀이시설과 재미있는 액티비티 프로그램을 운영하고 있다. 골드 카드가 있으면 무료로 이용이 가능하며 어린이 점심 메뉴도 제공된다.

스포츠 액티비티 Sports Activity

수트라 하버 마리나 클럽에서는 다양한 액티비티를 즐길 수 있다. 12 레인의 볼링장, 피트니스 센터, 영화관, 당구장, 실내 외 테니스코트, 스쿼시와 배드민턴 등을 즐길 수 있으며 골드 카드가 있으면 무료로 장비 렌탈과 이용이 가능하다.

샹그릴라 탄중 아루

Shangri-La's Tanjung Aru

샹그릴라 탄중 아루는 객실 500여 개를 갖춘 코타 키나발루의 선두 주자격인 리조트다. 시내와 가까워 프라이빗한 느낌은 같은 계열의 샹그릴라 라사 리아 보다 덜하지만 가족여행객에게 최선의 선택일 수 있다. 객실은 탄중 윙과 키나발루 윙으로 구분되어 있는데 특히 키나발루 윙의 객실에서는 바다 쪽 섬들의 모습과 장엄한 일몰 등을 감상할 수 있어 인기가 높은 편이다. 열대 야자수로 잘 가꾼 정원 또한 샹그릴라 탄중 아루의 으뜸가는 자랑거리이다. 이곳에서 묵는다면 탄중 아루의 멋진 일몰을 놓치지 말자.

위치 공항에서 자동차로 약 10분, 수트라 하버 리조트와 가까움

주소 20 Jalan, Aru, Tanjung Aru, Kota Kinabalu

요금 마운틴 뷰 US$280~

전화 088-792-888

홈피 www.shangri-la.com

샹그릴라 탄중 아루 100배 즐기기

치 스파 CHI Spa

샹그릴라의 치 스파는 세계적으로도 유명한 고급 스파로 호사스러운 시설 속에서 수준 높은 스파를 경험할 수 있다. 독립적인 스파 건물에서 프라이빗하게 스파를 즐길 수 있어 커플들에게 특히 인기다. 말레이시아 전통 기법과 천연 재료들을 이용한 스파를 경험할 수 있는데 풀코스로 받고 싶다면 키나발루 여행(Kinablu Journey)을 추천한다. 카피르 라임 스크럽과 바디 랩으로 트리트먼트를 시작한 다음 전통적인 대나무를 이용한 마사지로 뭉친 근육을 풀어주고 피부를 매끈하게 만들어준다. 3시간 코스로 요금은 RM750, 운영 시간은 10:00~23:00이다.

워터 플레이 Water Play

샹그릴라 탄중 아루 리조트에는 아이를 동반한 가족 여행자들을 위한 워터 플레이 시설이 완비되어 있다. 100m에 달하는 미끄럼틀과 물싸움을 할 수 있는 시설, 어린이들을 위한 수심이 얕은 풀, 어른들을 위한 2000평방미터 규모의 풀이 완비되어 있어 리조트 내에서 신나는 물놀이를 즐길 수 있다.

액티비티 즐기기 Activity

샹그릴라 탄중 아루에서는 다채로운 액티비티를 제공하고 있어 리조트 안에서 즐거운 시간을 보낼 수 있게 도와준다. 요가, 가든 투어, 아쿠아로빅, 말레이시아 요리 시범, 수상 스포츠, 탁구, 칵테일 만들기 등 매일 스케줄에 맞춰 운영하며 사전 예약은 필수다.

STAYING

밍 가든 호텔

Ming Garden Hotel

합리적인 가격에 시설도 깔끔하고 직원들도 친절한 편이라 패키지 관광객을 포함해 최근 많은 사람들이 찾는 호텔이다. 도로에서 조금 안쪽으로 떨어져 있어 걸어서 드나들기에 무리가 있는 위치이지만 시내 곳곳으로 무료 셔틀버스를 운행해 오히려 더욱 편리하기도 하다. 총 600개의 객실을 보유하고 있는데 일반 호텔 룸은 물론이고 옆쪽으로 레지던스 동이 따로 자리한다. 가장 낮은 카테고리의 객실도 사이즈가 넉넉하고 모던하게 꾸며져 있다. 키즈 풀을 갖춘 수영장도 여유로운 사이즈이며 피트니스 센터와 스파, 게임룸 등 다양한 부대시설도 알차다. 레스토랑의 조식은 그저 그런 수준이지만 점심이나 디너 메뉴는 꽤 괜찮은 편이다. 특히 룸서비스로 주문한 햄버거나 클럽 샌드위치 종류는 맛도 양도 훌륭한 편.

위치 KK 타임스스퀘어 맞은편
주소 Lorong Ming Garden, Jalan Costal, Kota Kinabalu
요금 슈피리어 US$245~
전화 088-270-681
홈피 www.minggardenhotel.com

STAYING

르 메르디앙
Le Meridien

스타우드 계열의 고급 호텔인 르 메르디앙은 와리산
스퀘어, 워터프런트 등 코타키나발루의 주요 스폿과
이웃하고 있어 시내를 둘러보기에 매우 편리하다.
더불어 스타우드의 이름에 상응하는 친절하고 세련
된 서비스와 시설로 고급 호텔다운 면모를 유감없이
보여준다. 300여 개 객실은 슈피리어, 딜럭스, 르 로
얄 클럽, 르 로얄 스위트, 프레지덴셜 스위트로 나뉘
어 있다. 가장 하위 카테고리인 슈피리어도 40m² 정
도로 넉넉한 편이고 나무랄 데 없이 깔끔하게 관리
된다. 화려하고 럭셔리하기보다는 정돈되고 포근한
분위기의 호텔로 신혼여행객보다는 가족여행객이
나 친구와 동행한 경우에 좋은 선택이 될 것이다.

위치 와리산 스퀘어 옆
주소 Jalan Tun Fuad Stephens, Sinsuran, Kota
Kinabalu
요금 클래식 US$180~
전화 088-322-222
홈피 www.lemeridienkotakinabalu.com

STAYING

하얏트 리젠시
Hyatt Regency

시내 한가운데 있어 다운타운 안에서 쇼핑, 레스토
랑, 마사지 등을 즐기려는 여행자에게 최적의 위치
다. 시내권에서는 르 메르디앙과 함께 가장 선호도
가 높은 호텔로 총 객실 수는 288개이다. 객실 내부
는 화사한 베이지 톤으로 우아하고 차분한 분위기를
풍긴다. 모든 객실이 발코니를 갖추고 있고 호텔 앞
으로 시원스러운 바다가 펼쳐져 뷰가 뛰어나다. 세
계적인 고급 호텔 체인인 만큼 관리가 잘되고 서비
스가 안정적인 점도 많은 이들이 이곳을 선택하는
이유이다.

위치 위스마 메르데카 건너편
주소 Jalan Tun Fuad Stephens, Kota Kinabalu
요금 스탠더드 US$182~, 시 뷰 US$220~
전화 088-221-234
홈피 www.kinabalu.regency.hyatt.com

호텔 에덴 54

Hotel Eden 54

여행자들이 순위를 매기는 트립 어드바이저에서 호
평을 받고 있는 호텔이다. 규모는 작지만 좋은 위치,
깨끗한 시설, 친절한 서비스에 무선 인터넷까지 무
료로 제공한다. 가야 스트리트의 중심에 있고 수리
아 사바까지 도보 약 2분 거리로 최적의 위치이며
바로 옆에는 고급 슈퍼마켓인 통 힝이 있어 간단한
먹을거리를 사기도 좋다. 예약은 홈페이지나 이메일
을 통해서 할 수 있다.

위치 가야 스트리트, HSBC 은행 옆. 수리아 사바에서
도보 약 2분
주소 54 Jalan Gaya, Kota Kinabalu
요금 콤팩트 룸 RM129~
전화 088-266-054
홈피 www.eden54.com

드림텔

Dreamtel

깔끔한 중급 호텔로 괜찮은 위치와 합리적인 요금으
로 여행자들에게 인기를 끌고 있다. 160개의 객실을
갖추고 있으며 모던한 인테리어와 쾌적한 객실 상태
를 자랑한다. 가야 스트리트 안에 있지는 않지만 도
보로 약 3분 정도면 이동할 수 있다. 공항버스가 호
텔 바로 앞 정류장까지 운행하고 있어 공항버스를
이용하는 여행자라면 더욱 편리하다.

위치 잘란 파당, 가야 스트리트에서 와리산 스퀘어 방
향으로 도보 약 3분
주소 5 Jalan Padang, Kota Kinabalu
요금 스탠더드 US$50~
전화 088-240-333

호텔 그랜디스

Hotel Grandis

코타키나발루 시내에서 가장 큰 규모를 자랑하는 수리아 사바와 바로 연결되는 최고의 접근성을 자랑한다. 언제든지 수리아 사바에서 식사와 쇼핑을 즐길 수 있다는 점이 가장 큰 장점이다. 오픈한 지 오래되지 않아 객실 상태가 무척 쾌적한 편이며 바다와 접하고 있어 시 뷰 객실을 고를 경우 시원스러운 전망을 감상하기 좋다.

위치 수리아 사바 내
주소 Suria Sabah Shopping Mall, Kota Kinabalu
요금 슈피리어 US$80~, 딜럭스 US$90
전화 088-522-888
홈피 www.hotelgrandis.com

가야 센터 호텔

Gaya Centre Hotel

별다른 부대시설은 없지만 수리아와 가야 스트리트까지 걸어갈 수 있어 쇼핑과 다이닝에 중점을 둔 바쁜 여행자라면 관심을 가져볼 만한 숙소이다. 객실도 깔끔한 편이며 로비에서 무선 인터넷을 사용할 수 있다. 저가 숙소임에도 종류는 많지 않지만 맛있는 아침 식사를 제공하고 조식당은 야외석에 바다도 보이는 분위기 좋은 곳에 있다. 객실은 뷰의 차이가 있을 뿐 등급별로 별다른 차이는 없다.

위치 수리아 사바 바로 옆
주소 Jalan Tun Fuad Stephens, Kota Kinabalu
요금 스텐더드 US$55~
전화 088-245-567
홈피 www.gayacentre.com

2

팰리스 호텔

Palace Hotel

합리적인 가격에 깔끔한 시설로 여행객에게 많은 인기를 끌고 있는 팰리스 호텔은 언덕 위에 자리해 호젓한 기분은 들지만 시내로 접근하기 불편하다는 단점이 있다. 모던하고 정돈된 분위기의 로비에 제복을 단정히 차려입은 친절한 직원만 보아도 그 정도 가격대에서 기대할 수 있는 수준보다 훨씬 큰 만족도를 느낄 수 있다.

위치 잘란 탕키, 공항에서 자동차로 약 10분
주소 1 Jalan Tangki Karamunsing, Kota Kinabalu
요금 스탠더드 US$75~
전화 088-217-222

제셀턴 호텔

Jesselton Hotel

코타키나발루에서 가장 오래된 호텔로 1954년에 처음 문을 열었다. 코타키나발루의 옛 이름인 제셀턴을 호텔 이름으로 사용한 것을 보아도 알 수 있듯이 오랜 역사를 자랑한다. 식민지 시대의 분위기를 그대로 간직하고 있으며 앤티크 가구와 소품에서 고상한 분위기가 느껴진다. 고위 인사도 많이 방문하며 많은 여행자가 숙박이 아니더라도 호텔 앞에서 기념사진을 찍는 등 단순한 호텔 이상의 의미를 갖고 있다.

위치 가야 스트리트, 올드타운 화이트 커피 맞은편
주소 69 Jalan Gaya, Pusat Bandar, Kota Kinabalu
요금 슈피리어 US$84, 딜럭스 US$91
전화 088-223-333
홈피 www.jesseltonhotel.com

마리 하우스
Mari House

젊고 유쾌한 한국인 부부가 운영하는 민박으로 룸도 젊은 감각으로 화사하고 깔끔하게 꾸며놓았다. 개인 욕실과 화장실, 아담한 테라스가 포함된 방과 공동으로 욕실을 사용하는 일반 룸을 갖추었다. 인원수가 많으면 별도 건물에 있는 집을 통째로 사용할 수 있다. 저렴한 가격에 깔끔한 숙소라는 점 이외에도 각종 여행 정보를 얻을 수 있고 다양한 투어와 액티비티를 마리 하우스에서 직접 예약할 수 있어 편리하다. 마리 하우스에서는 수트라 하버 리조트의 식음료를 50% 할인된 가격에 이용할 수 있는 회원 카드를 저렴하게 대여해주니 수트라 하버에 묵거나 레스토랑을 이용할 여행자라면 문의해보자.

위치 그레이스 포인트와 인접, 수트라 하버 리조트 맞은편
주소 Townhouse No. 29, Grace Ville, Jalan Sembulan, Kota Kinabalu
요금 2인실 55000원〜
전화 070-4026-9592
홈피 cafe.naver.com/rumahmari

호텔 캐피털
Hotel Capital

호텔 캐피털은 1층에 자리한 이탈리언 레스토랑인 리틀 이태리로 더욱 유명세를 타는 곳이다. 120개의 꽤 많은 객실을 보유하고 있는 이 호텔은 룸이 조금 낡은 듯한 느낌을 지울 수 없지만, 친절한 직원들이 깨끗하게 잘 관리하는 편이다. 무엇보다 시내 중심에 자리해 이동이 잦은 여행객에게는 좋은 선택이 될 수 있다. 수영장을 비롯한 별다른 부대시설은 없다.

위치 잘란 하지 사만, 수리아 사바에서 도보 3분
주소 23 Jalan Haji Saman, Kota Kinabalu
요금 스탠더드 US$60〜
전화 088-231-999

만자 호텔
Manja Hotel

KK 타임스스퀘어 단지 내에 있는 호텔로 깔끔한 시설과 저렴한 가격으로 승부하는 곳이다. 새롭게 뜨고 있는 나이트 스폿 안에 자리하고 있어 편리하지만 다른 일정으로 다니기에는 다소 불편한 위치이다. 위치 특성상 직접 찾아와 예약하면 가격이 더 저렴해지기도 한다.

위치 KK 타임스스퀘어 내, 공항에서 차로 약 6분
주소 25-26 Block E, KK Times Square, Off Coastal Highway, Kota Kinabalu

요금 슈피리어 US$60~
전화 088-486-601
홈피 manjahotelkotakinabalu.whizzroom.com

KK 워터프런트 호텔
KK Waterfront Hotel

깔끔한 저가형 호텔로 코앞에 스타벅스와 와리산 스퀘어, 워터프런트가 있어 나무랄 데 없는 위치를 자랑한다. 직원들도 친절하고 객실도 깨끗한데 채광이 좋지 않아 다소 답답한 느낌을 지울 수 없다. 하루 종일 투어를 하는 여행자에게 적합하다.

위치 와리산 스퀘어, 스타벅스 바로 옆
주소 Block B, Unit 2&3, Warisan Square, Jalan Tun Fuad Stephens, Kota Kinabalu
요금 딜럭스 US$62~
전화 088-485-787
홈피 www.kkwaterfronthotel.com

호라이즌 호텔
Horizon Hotel

오픈한 지 오래되지 않아 객실이 쾌적하고 모던하다. 가장 낮은 카테고리의 슈피리어를 포함해 총 180여 개의 객실에 3개의 레스토랑과 바, 아웃도어 스위밍풀, 스파까지 갖춘 꽤 튼실한 호텔이다. 레스토랑도 분위기가 좋아 이용객이 많은 편이다.

위치 잘란 판타이, 센터 포인트에서 도보 약 4분
주소 Jalan Pantai, Kota Kinabalu
요금 슈피리어 US$85~
전화 088-518-000
홈피 www.horizonhotelsabah.com

프롬네이드 호텔
Promenade Hotel

시내 중심권에 있는 프롬네이드 호텔은 83개 객실을 보유한 호텔과 이웃에 마리나 코트라는 서비스 아파트먼트를 함께 운영한다. 객실은 군더더기 없이 무난한 스타일로 낡은 듯한 느낌이며 수영장과 레스토랑 2곳을 갖추고 있다. 해변 가까이에 있고 공항까지 차로 10분이면 이동할 수 있다.

위치 와리산 스퀘어에서 도보 10분, 오션 시푸드 빌리지 옆
주소 No. 4, Lorong Api-Api 3, Api-Api Centre, Kota Kinabalu

요금 슈피리어 US$95~
전화 088-260-888
홈피 www.promenade.com.my

디비치 스트리트 롯지
D'Beach Street Lodge

시내 중심가에 위치한, 열대 분위기가 물씬 풍기는 매력적인 게스트 하우스로 새빨간 외관 덕분에 눈에 확 띈다. 이 주변에는 저렴한 가격의 롯지들이 모여 있는데 깔끔함이나 쾌적함에서 단연 눈에 띈다. 도미토리부터 패밀리 룸까지 다양한 객실을 선택할 수 있으며 주변에 테라스로 된 카페가 모여 있어 북적이고 자유로운 분위기이다.

위치 가야 스트리트, 피자 헛 옆
주소 Lot 48, GF & 1F, Jalan Pantai, Kota Kinabalu
요금 도미토리 RM30, 스위트 RM68
전화 088-258-228
홈피 www.dbeachstreet.com

에팔 호텔
Epal Hotel

보기 드문 부티크 스타일의 호텔로 작은 규모이지만 아기자기하게 꾸며져 있다. 딜럭스의 경우 창문이 없는 방과 있는 방의 가격 차이가 있으니 예약할 때 확인하자. 퀸 베드 2개가 설치되어 있는 딜럭스 패밀리는 방 크기가 넉넉한 편이라 가족여행객이 묵기에 좋다. 시내로 이동할 때는 매번 택시를 이용해야 한다는 것이 가장 큰 단점이다.

위치 시내 중심에서 자동차 5분
주소 Lot 30 & 31, Blk E, Jln Ikan Juara 1, Sadong Jaya, Karamunsing, Kota Kinabalu
요금 딜럭스 트윈 US$65~, 딜럭스 패밀리 US$86~
전화 088-235-341
홈피 www.epalhotel.com

과거로 떠나는 특별한 여행,
북보르네오 증기기관차 여행
North Borneo Railway

쇼핑과 먹거리, 일일 투어 등 평범한 여행 일정에 지루함을 느꼈다면 코타키나발루에서만 즐길 수 있는 낭만 기차 여행을 떠나보는 것은 어떨까?

옛 무성영화에서나 볼 수 있을 법한, 석탄을 연료로 하는 북보르네오 증기기관차를 타고 애거사 크리스티의 추리소설에 등장하는 귀부인이 되어 떠나는 기차 여행은 코타키나발루에서 머무는 시간을 한층 특별하게 해줄 것이다.

실제 여행을 떠나듯 역에서 여권을 발급받고 각 정거장마다 도장을 찍어주는 소소한 재미는 물론, 기차가 지나갈 때마다 뛰어나와 손을 흔드는 순수한 아이들의 얼굴에서 가슴 뭉클한 감동을 느낄 수 있다.

기차 여행 중간중간에는 수트라 하버에서 만든 질 높은 아침 식사와 점심 식사가 제공된다. 아침 식사는 맛있는 브레드 바스켓과 커피가, 점심 식사로는 옛 방식 그대로 철제 도시락에 담겨 나오는 로컬 푸드가 제공된다. 도시락을 먹는 것 자체가 문화 체험인 셈이며 중간중간에는 재래시장 투어와 사원 투어 등 다양한 볼거리도 제공된다.

대략적인 투어 일정

9:30
탄중 아루 역에서 보딩(아침식사 제공)

⬇

10:00
출발

⬇

10:40
키나루트 타운(Kinarut Town)에 도착,
티엔시 사원(Tien Shi Temple)이나 재래시장 방문

⬇

11:00
출발

⬇

11:45
파파르타운(Papar Town) 도착, 로컬 마켓 구경

⬇

12:30
출발

⬇

12:40
티핀 런치 즐기기

⬇

13:40
탄중 아루 역에 도착

오픈 매주 수 · 토요일, 약 4시간 소요
요금 성인 · 어린이(만 4세~12세) USD87, 만 3세
미만 무료(인기 많은 투어라 한 달 전에 예약할 것
을 권한다)
전화 088-308-500(현지에서 문의),
02-752-6072(한국에서 문의)
홈피 www.suteraharbour.com
※이메일 info@citytour.com

The Other Part of
Kota Kinabalu
코타키나발루 기타 지역

코타키나발루의 중심에서 벗어나 외곽으로 갈수록 오염되지 않은 순수한 자연이 점점 가깝게 다가온다. 리조트도 자연과 함께하는 휴양에 초점을 맞춘 곳이 대부분으로, 자연 속에 푹 파묻혀 여유로운 휴가를 꿈꾸는 이들에게 잘 어울린다.

5개 섬이 모여 있는 툰쿠 압둘 라만 공원 섬 투어는 코타키나발루 제일의 즐길 거리로 열대어와 함께 푸른 바닷속을 헤엄칠 수 있다. 동남아시아 최고봉을 자랑하는 키나발루 산은 유네스코가 지정한 세계자연유산으로 코타키나발루 최고의 보물이다.

다양한 편의 시설이나 쇼핑, 식도락이 주는 즐거움은 적지만 도심에서 벗어나 원시의 자연 속에서 온전한 휴식을 취하고자 하는 이들에게는 낙원이 되어줄 것이다.

넥서스 리조트 앤
스파 카람부나이
Nexus Resort &
Spa Karambunai

H

상그릴라 라사 리아
Shangri-La's
Rasa Ria

남중국해
South China Sea

S 원 보르네오 1 Borneo

사바 국립대학
University Malaysia Sabah

R 애플 카페 Apple Café
R 롬스 Rome's
R 스시 킹 Sushi King
R 와가마마 레스토랑
Wagamama Restaurant
R 행롱 Heng Long
R 홍콩 레시피 Hong Kong Recipe
R 올드타운 화이트 커피
Oldtown White Coffee
R 치킨라이스 숍 Chicken Rice Shop
R 사얼 바쿠테 Siaw Er Bak Kut Teh
R 초이스 레스토랑 Choice Restaurant

툰 무스타파 빌딩
Menara Tun Mustapha

코타키나발루 시티 모스크
Kota Kinabalu City Mosque

붕아라야 아일랜드 리조트
H Bunga Raya Island Resort

가야 섬
Gaya Island

사피 섬
Sapi Island

가야 아일랜드 리조트
H Gaya Island Resort

제셀턴 포인트
Jesselton Point

잘란 투아란
Jalan Tuaran

잘란 린타스
Jalan Lintas

S 수리아 사바
Suria Sabah

마누칸 섬
Manukan Island

H 마누칸 아일랜드 리조트
Manukan Island Resort

마무틱 섬
Mamutik Island

술룩 섬
Sulug Island

깔라문싱 콤플렉스
Karamunsing Complex

다마이
Damai

사바 골프 &
컨트리클럽
Sabah Golf &
Country Club

푸핑 딤섬
Foo Phing Dimsum

R

수트라 하버 리조트
Sutera Harbour Resort
H

사바 박물관
Sabah Museum

주립 모스크
State Mosque

린타스
Lintas

툰쿠 압둘 라만 공원
Tunku Abdul Rahman Park

잘란 린타스
Jalan Lintas

상그릴라 탄중 아루 H
Shangri-La's Tanjung Aru

R 안중 페르다나 탄중 아루
Anjung Perdana Tanjung Aru

탄중 아루
Tanjung Aru

코타키나발루 국제공항
Kota Kinabalu International Airport

코타키나발루 기타 지역

N

0   700   1400m

SIGHTSEEING

코타키나발루 시티 모스크

Kota Kinabalu City Mosque

코타키나발루 시내에서 약간 벗어난 리카스 베이에
접하고 있는 모스크로 3000평 대지 위에 웅장하게
지어져있다. 마치 물 위에 떠 있는 것처럼 보여 플로
팅 모스크, 블루 모스크라고도 불린다. 웅장한 돔과
4개의 첨탑으로 건축되었으며 바다와 이웃하고 있
어 모스크의 풍경이 한층 더 이국적이다. 이슬람 고
등교육시설을 비롯하여 9000명에서 1만 2000명까
지 수용이 가능한 기도실이 있으며 금요일 기도 시
간(오전 8시부터 오후 5시)을 제외하면 일반 관광객
도 무료로 입장할 수 있다.

위치 사바 관광청에서 택시로 약 10분
주소 Jalan Teluk Likas, Kampung Likas, Kota
Kinabalu
오픈 08:00~17:00(금요일 기도 시간 제외)

SIGHTSEEING

사바 박물관

Sabah Museum

사바 주립 박물관으로 사바 토착 민족의 수렵 도구
와 전통 의상, 농기구 등을 비롯해서 사바 주의 역사
와 문화를 엿볼 수 있는 곳이다. 사바 지역의 전통
가옥 양식인 롱 하우스 형태로 건축되었으며 자연
사, 민족학, 고고학 등을 관람할 수 있는 본관과 과
학 교육 센터, 아트 갤러리, 이슬람 문화 박물관도
함께 둘러볼 수 있다.

위치 사바 관광청에서 택시로 약 10분
주소 Sabah Museum Complex, Jalan Muzium, Kota
Kinabalu
오픈 09:00~17:00
전화 088-225-033
홈피 www.museum.sabah.gov.my

원 보르네오

1 Borneo

코타키나발루에서 가장 인기있는 쇼핑 스폿 중 하나로
세련되고 큰 규모를 자랑한다. 4개 층으로 구성되어 있지
만 한 층이 차지하는 면적이 무척 넓은 편이라 둘러보는
데도 상당한 시간이 걸린다. 나인 웨스트, 리바이스, 본
더치 등의 유명 캐주얼 브랜드와 에스프리, 게스, G2000
등의 웬만큼 이름난 의류 매장도 찾아볼 수 있다. 스타벅
스, 커피 빈, 시크릿 레시피 등의 카페를 비롯해 다양한
콘셉트의 레스토랑과 저렴한 마사지 숍도 입점되어 있어
온종일 이곳에서 시간을 보내도 전혀 불편함이 없다. 와
리산 스퀘어에서 원 보르네오까지 운행하던 무료 셔틀
버스가 중단되어 개별적으로 택시를 타고 이동해야한다.
타운 기준 택시 요금은 편도 RM30 정도이다.

위치 잘란 술라만, 가야 스트리트에서 자동차로 약 15분
주소 Jalan Sulaman, Kota Kinabalu
오픈 월~금요일 11:00~22:00, 토 · 일요일 10:00~22:00
전화 088-447-744
홈피 www.1borneo.net

● 층별 안내도

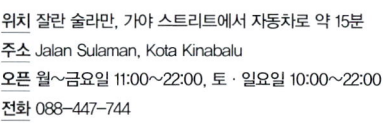

	브랜드	레스토랑	편의 시설
2층	캣워크, RM11.99 패션		영화관, 심플리 릴랙스
1층	에퓨, F.O.S, 아일랜드 숍, 니치	사바 코리안 레스토랑	범퍼 카, 사이버 존, 베이징 리플렉솔로지 센터
G층	블러쉬, 키엘, 브랜즈 아웃렛, 캘빈 클라인 진즈, 이클립스, 코튼 온, 엘르, 엘르 키즈, 에스프리, 프렌치 커넥션, G2000, 게스, 리바이스, MNG, 파디니 콘셉트 스토어, 록시, 로열 셀랑고르.	보르네오 델리 & 와인 숍, 돔 카페, 스타벅스, 피시 & 코, 홍콩 레시피, 올드타운 화이트 커피, 시크릿 레시피, 투티 푸르티, 던킨 도너츠	세븐 일레븐, ATM, 환전소, 여행사, 세탁 서비스, 왓슨, 타이 오디세이 마사지, 주크 스파
LG층	블랙 퀸, 기념품과 액세서리 숍, V2 콘셉츠, 브아 갤러리, 비첸향 토이저러스, 카이스	애플 카페, 아얌 펜옛 리아, 초이스 레스토랑, 난도스, 롬스, KFC, 맥도날드, 매리 브라운, 멀티 베이크, 샤일 바쿠테, 치킨 라이스 숍, 피자헛, 스시 킹	원 보르네오 시 월드, 자이언트 슈퍼마켓, 팍스 백화점

원 보르네오의 주요 매장

바타 Bata

실용적이고 저렴한 구두로 유명한 브랜드이다. 비싸지 않은 가격에 튼튼하고 편안한 구두는 자꾸만 이곳을 찾게 만드는 이유다. 디자인은 다소 투박한 감이 있지만 세일 기간에는 깜짝 놀랄 만한 가격으로 괜찮은 아이템을 구입할 수 있으니 한번 들러볼 것.

노즈 Nose

만고불변, 빈치와 함께 여행자들에게는 말레이시아 인기 구두 매장 1, 2위를 다투는 곳이다. 빈치보다 가격대가 낮고 과감한 컬러를 사용한 플랫 슈즈와 샌들도 많이 찾아볼 수 있어 젊은 층에게 인기를 누린다.

이클립스 Eclipse

여행지에서 파격적인 변신과 색다른 경험을 해보고 싶다면 이클립스로 향하자. 클럽이나 파티에 어울릴 만한 화려하고 과감한 디자인의 드레스와 옷을 볼 수 있다. 가격도 꽤 괜찮은 편. 함께 매칭하면 좋을 가방과 신발도 있다.

코튼 온 Cotton On

한국에서도 입을 수 있는 실용적이고 무난한 옷을 찾는다면 코튼 온을 방문해보자. 착용감이 좋은 티셔츠와 카디건 등 필수 아이템이 많다. 여성 의류뿐 아니라 남성 의류와 유니섹스 의류도 두루 갖추고 있다.

프렌치 커넥션 French Connection

가격대는 다른 매장에 비해 상대적으로 높은 편이지만 시크하고 스타일리시한 하이 퀄리티 패션을 완성할 수 있다. 독특하고 드레시한 여성 의류에 비해 무난한 스타일의 남성 의류도 갖추었다.

원 보르네오의 레스토랑
Restaurants in 1 Borneo

시내에서 조금 떨어져 있지만 규모와 시설, 브랜드 등을 종합해보면 원 보르네오는 코타키나발루 최고의 인기 쇼핑몰이라고 해도 과언이 아니다. 이를 증명하듯 다양한 레스토랑과 커피숍 등이 자리하고 있다.

위치 와리산 스퀘어에서 자동차로 약 15~20분
주소 Jalan Sulaman, Kota Kinabalu
홈피 www.1borneo.net

RESTAURANTS

롬스
Rome's

원 보르네오 쇼핑몰 내부에 있고 규모 또한 큰 편이라 겉으로 봐선 가격이 비싼 패밀리 레스토랑 같다. 하지만 RM10 내외에서 간편하고 다양한 메뉴를 맛볼 수 있는 깔끔한 곳이다.
말레이시아 로컬 음식이 인기가 많은 편. 차 콰이 테오는 입에 짝짝 달라붙어 현지인에게도 인기가 많다.

위치 원 보르네오 LG층
오픈 11:00~22:00
요금 1인 RM10~15

RESTAURANTS

스시 킹
Sushi King

회전초밥과 간단한 일식 메뉴를 맛볼 수 있는 곳이다. 일본 현지에서 먹는 스시처럼 큰 기대만 하지 않는다면 그럭저럭 만족하며 먹을 만한 수준이다. 된장국과 샐러드 등이 포함된 다양한 세트 메뉴를 RM18.90부터 즐길 수 있다.

위치 원 보르네오 LG층
오픈 11:00~22:00
요금 스시 RM2~6, 세트 메뉴 RM18.90~(세금&봉사료 16% 별도)
홈피 www.sushi-king.com

홍콩 레시피
Hong Kong Recipe

홍콩 스타일의 간단한 면과 밥 요리로 식사를 해결하기에 좋다. 비교적 깔끔한 실내에 달달하고 짭짤한 소스가 대부분이라 우리 입맛에도 무난한 편이다. 특이한 것은 메뉴별로 주문할 수 있는 시간이 따로 있다는 점. 매콤한 마파두부(12:00~22:00)와 크리스피 포크, 달달한 허니 바비큐 포크를 동시에 맛볼 수 있는 트윈 믹스 바비큐(10:00~21:00)가 가장 인기 있는 메뉴. 독특한 컵에 담겨 나오는 상큼한 주스도 함께 주문하자.

위치 원 보르네오 G층
오픈 10:00~24:00
요금 볶음밥 RM10.8(세금&봉사료 16% 별도)

올드타운 화이트 커피
Oldtown White Coffee

동남아시아 여러 곳에 체인점을 운영하는 올드타운 화이트 커피는 말레이시아 여행을 왔다면 한 번쯤 꼭 들러봐야 할 곳이다. 달짝지근하고 묘한 중독성을 지닌 화이트 커피가 첫 번째 이유이며 콤콤한 새우 국물이 얼큰한 프론 미가 두 번째 이유이다. 옛날식 커피 잔에 담긴 화이트 커피와 토스트는 찰떡궁합 메뉴이다. 만족스러운 식사를 하고 싶다면 프론 미를 추천한다.

위치 원 보르네오 G층
오픈 08:30~22:30
요금 아침 메뉴 RM3.80~, 프론 미 RM7.9

치킨라이스 숍

Chicken Rice Shop

와리산 스퀘어를 비롯해 여러 지역에 분점이 있는 치킨라이스 숍은 저렴하고 깔끔하게 한 끼를 해결하기 좋은 캐주얼 레스토랑이다. 말레이 스타일 패스트푸드점으로 우리나라와는 다른 그들의 음식을 다양하게 경험해보는 좋은 기회가 될 수 있다. 가벼운 메뉴가 많아 식사가 아니더라도 간단히 요기하고자 할 때 이용하는 것도 좋을 듯하다. 무얼 시켜야 할지 망설여질 때는 다양한 메뉴가 믹스된 세트 메뉴를 시도해보자.

위치 원 보르네오 LG층
오픈 10:00~22:00
요금 치킨라이스 RM8.6, 커리 락사 RM12(세금&봉사료 16% 별도)
전화 088-447-361

초이스 레스토랑

Choice Restaurant

저렴한 가격에 각종 인도 음식을 맛볼 수 있는 곳이다. 거창한 데커레이션도 없고, 푸짐한 양도 아니지만 가격을 고려한다면 간단히 한 끼 해결하기에 부족함이 없다. 문을 일찍 여는 데다 로티 차나이에 커리, 커피 한 잔이면 아침 식사로도 훌륭해 일대에 조식 불포함 숙소에 묵는다면 한번 방문해볼 만하다.

위치 원 보르네오 LG층
오픈 09:00~21:30
요금 로티 차나이 RM1.8, 누들 RM6~

샤얼 바쿠테

Siaw Er Bak Kut Teh

번듯한 원 보르네오를 거닐다 보면 어디선가 구수한 한약 냄새를 풍기며 손님을 유혹하는 샤얼 바쿠테를 볼 수 있다. 바쿠테는 우리나라의 꼬리곰탕 같은 음식인데 냄새와는 달리 별다른 거부감이 없는 맛으로, 한 수저만 먹어도 왠지 몸이 건강해지는 느낌이 들 것이다. 협소해 보이는 앞쪽과는 달리 안쪽으로 들어가면 좀 더 넓은 공간에 좌석이 놓여 있다. 더위에 지쳐 허한 몸과 마음을 구수한 바쿠테로 보양하자.

위치 원 보르네오 G층
오픈 10:00~22:00
요금 바쿠테 RM16(세금&봉사료 16% 별도)
전화 088-447-471

TIP **원 보르네오의 달달한 간식**

정신없이 쇼핑하다 보면 지치기 마련. 그럴 땐 원 보르네오의 달달한 간식을 즐기면서 잠시 휴식을 취해보자. 투티 푸르티(Tutti Frutti)는 우리나라에서도 선풍적 인기를 끌었던 프로즌 요구르트를 파는 곳이다. 컵 사이즈를 선택하고 셀프로 아이스크림을 뽑고 토핑을 추가해 무게에 따라 돈을 내는 시스템으로, 상큼하고 맛있지만 가격대는 높은 편이다. 캐러멜 아몬드(Caramel Almond)는 아이스크림을 파는 곳으로 맛도 분위기도 좀 더 고급스럽다. 시그너처인 캐러멜 아몬드뿐 아니라 메가 망고, 스트로베리 21 등 다양한 맛이 있다. 가격은 1컵 기준 RM5.8 선이다.

샹그릴라 라사 리아의 레스토랑
Restaurants in Shangri-La Rasa Ria

샹그릴라 라사 리아에는 다양한 나라의 메뉴를
두루 맛볼 수 있는 레스토랑들이 있다. 주변에
별다른 편의 시설이 없기도 하지만 세계적 수준

의 호텔 내에서의 식사는 한 번쯤 경험해볼 만한
가치가 있다.

주소 Pantai Dalit Beach, Tuaran, Kota Kinabalu
전화 088-327-888
홈피 www.shangri-la.com

RESTAURANTS

테피 라웃
Tepi Laut

테피 라웃은 마칸 스트리트(Makan Street)라는 별명
이 있는, 샹그릴라 라사 리아의 유래한 레스토랑이
다. 오전에는 풀 바로 이용하다 디너 타임에 최고의
맛을 선사하는 뷔페를 운영한다. 메뉴는 중국, 말레
이, 인도, 사바 요리 등 주로 아시안 퓨전 요리가 대
부분이다. 6개 섹션에는 최고의 요리사들이 손님이
원하는 대로 면 요리며 시푸드, 고기 바비큐 등 즉석
요리를 해준다. 마치 시장 한 모퉁이에서 간식을 사
먹는 기분으로 즐거운 식사를 즐길 수 있다. 특히 수
요일에는 오후 8시 30분(변경 가능하니 방문 전 확
인)부터 다양한 전통 공연을 즐길 수 있는데 관람에

그치지 않고 모든 이들이 하나가 되는 축제 분위기
로, 예약을 하지 않으면 식사하기 어려울 정도로 인
기가 있다.

오픈 런치 알라카르테 11:45~17:45, 디너 뷔페 18:30~
22:30
요금 1인 RM145~(세금&봉사료 16% 별도)

RESTAURANTS

커피 테라스
Coffee Terrace

샹그릴라 내에서 가장 캐주얼한 분위기가 느껴지는
편안한 레스토랑이다. 투숙객의 조식당으로도 이용
되는 곳으로 공간이 넓고 여유롭다. 점심과 저녁에는
단품 메뉴를 주문할 수 있는데 정통 말레이 푸드부터
그릴 메뉴, 파스타, 샌드위치 등 다양한 메뉴를 선택
할 수 있다.

오픈 뷔페 브렉퍼스트 06:30~10:30, 단품 런치 11:00
~18:30, 단품 디너 18:30~24:00
요금 파스타 RM39~, 그릴 메뉴 RM59~

테판야키 코잔

Teppan Yaki Kozan

싱싱한 해산물, 신선한 채소, 양질의 육류 등 재료 본연의 맛을 고스란히 살린 철판 요리를 맛볼 수 있다. 기본 코스인 아키타(Akita) 코스는 애피타이저, 킹 프론, 치킨 데리야키, 채소, 볶음밥, 아이스크림 순서로 서브되며 오사카 코스(RM125)는 치킨 대신 굴, 관자, 연어 등이 추가된다. 더 많은 메뉴로 구성된 쿠마모토와 코잔 코스도 준비되어 있다. 모든 코스의 재료는 단품으로 추가할 수 있다. 맛있는 음식과 더불어 화려한 기술을 지닌 요리사의 요리 쇼를 보는 재미는 덤이다.

오픈 18:30~22:30
요금 코스 RM98~

코스트

Coast

오전에는 조식당으로 이용되며 디너 타임에만 오픈한다. 독특하고 스타일리시한 외관에 해변과 가장 가까운 레스토랑으로 분위기가 좋은 편이다. 고민 없이 선택할 수 있는 셰프 스페셜 디너 3코스도 즐길 수 있고 파스타, 리소토 등을 단품으로 주문할 수도 있다. 예약하는 것이 좋으며 드레스 코드를 어느 정도 갖추는 것이 좋다.

오픈 18:30~22:30, 바 17:30~22:30
요금 샐러드 RM43, 파스타 RM55~, 서프 앤 터프 RM85

넥서스 리조트 앤 스파 카람부나이의 레스토랑
Restaurants in Nexus Resort & Spa Karambunai

넥서스 리조트 앤 스파 카람부나이는 시내 중
심부와 거리가 먼 편이라 리조트 내에서 대부
분 식사를 해결해야하는데 총 9개의 레스토랑
과 바가 있어 식도락을 즐기기에 부족함이 없
다. 말레이 전통 음식부터 중국, 웨스턴 메뉴까
지 다양하다.

주소 Nexus Resort &Spa Karambunai, Jalan
Sepanggar Bay, Locked Bag 100, Kota
Kinabalu
전화 088-480 888
홈피 www.nexusresort.com

RESTAURANTS

노블 하우스
Noble House

넥서스 리조트 안에 있는 중식당으로 깔끔하고 고급
스러운 시설을 자랑한다. 광둥식 중국 요리와 해산물
요리가 주특기이며 2008년 말레이시아 베스트 레스
토랑으로 뽑혔을 정도니 일단 맛에 대해서는 안심해
도 좋다. 특히 이곳에서 놓치지 말아야 할 메뉴는 바
로 딤섬. 딤섬이 무척 다양해 골라 먹는 재미가 쏠쏠
하다. 가격 또한 저렴한 편이라 입맛에 맞게 골고루
맛봐도 부담스럽지 않다. 오붓하게 식사를 하고 싶은
연인이나 가족 여행자라면 단독 룸에서 조용히 식사
해도 좋다.

위치 넥서스 리조트 내
주소 Jalan Sepangar, Kota Kinabalu
오픈 11:30~14:30, 18:30~22:30
요금 딤섬 RM6~(세금&봉사료 16% 별도)
전화 088-411-222

RESTAURANTS

선셋 바 앤 그릴
Sunset Bar and Grill

리조트의 전용 해변 쪽에 위치하고 있는 레스토
랑 겸 바. 바다 풍경을 감상하면서 느긋하게 여유
를 느낄 수 있는 곳이다. 특히 이름처럼 매일 오후 해
질 무렵 가장 멋진 선셋을 감상할 수 있는 포인트
로 사랑받고 있다. 피자와 같은 가벼운 식사 메뉴
와 고운 빛의 칵테일을 즐기며 멋진 풍경을 누려보자.

위치 넥서스 리조트 내
오픈 10:30~23:00
요금 1인 RM100~(세금&봉사료 16% 별도)

더 스파
The Spa

더 스파는 샹그릴라 라사 리아의 부속 스파로 리조트 건물과 떨어진 별도의 공간에 있고 고급스럽고 정중한 분위기를 자아낸다. 독립된 공간에 있다 보니 공간이 넓어 전반적으로 여유로운 느낌을 준다. 총 7개의 트리트먼트 룸을 보유하고 있는데 각 룸에는 욕조와 샤워 시설이 완비되어 있다. 한국인 관광객을 위한 자세한 한국어 설명서가 있어 자신에게 맞는 스파 메뉴를 선택할 수 있다. 특히 인기 있는 하모니는 해독과 긴장 완화 효과가 있는 진흙과 물을 사용해 전통 방식으로 이루어지는 마사지다.

위치 샹그릴라 라사 리아 내
주소 Pantai Dalit Beach, Tuaran, Kota Kinabalu
오픈 09:00~23:00
전화 088-791-632

보르네오 스파
Borneo Spa

전통적인 말레이시아 스파를 경험할 수 있는 고급 스파 숍으로, 넥서스 리조트 안에 자리 잡고 있다. 문을 열고 들어서면 가장 먼저 한가운데에 마련된 연못이 눈에 띈다. 마치 물 위에 떠 있는 듯한 몽환적인 느낌으로 고객이 마사지 전후 시간을 편안하게 보낼 수 있도록 배려했다. 총 12개 룸으로 신혼여행객이나 연인들이 프라이빗하게 스파를 받을 수 있는 커플 룸도 준비되어 있고 특히 스파 내 사우나, 자쿠지 등의 샤워 시설이 뛰어나다. 이곳에서 쓰는 아로마 오일은 자체적으로 직접 만든 제품으로 오일의 종류도 다양하고, 향기와 효능이 뛰어나 따로 구매하기도 한다.

위치 넥서스 리조트 내
주소 Jalan Sepangar, Kota Kinabalu
오픈 11:00~23:00
전화 088-411-222

샹그릴라 라사 리아

Shangri-La's Rasa Ria

'행복한 기분'이라는 의미가 있는 라사 리아, 이곳을 방문하는 여행자라면 누구나 라사 리아라는 이름처럼 마음 가득 행복한 기분을 느낄 수 있다. 리조트가 국가에서 정한 자연보호 구역에 있어 달리트 해변의 아름다운 풍광을 고스란히 만끽할 수 있다. 세계적으로 이름난 샹그릴라답게 최신 시설과 세련되고 정성스러운 서비스는 말할 것도 없고, 어느 곳에도 뒤지지 않는 로맨틱한 정원을 갖추었다. 가든 윙과 프리미엄 오션 윙으로 나누어진 객실은 6성 호텔다운 면모를 부족함 없이 느끼게 해준다. 시내와 샹그릴라 탄중 아루까지 1일 5회 셔틀버스를 운행하지만 RM30 정도로 가격이 만만치 않은 편이다. 따라서 리조트 내에서 많은 시간을 보낼 수밖에 없는 투숙객을 위해 워터발리볼, 골프 미니 토너먼트 등 무료로 진행되는 데일리 프로그램을 다양하게 마련해놓고 있다. 오랑우탄을 직접 만날 수 있는 열대 숲 산책길도 오전 10시부터 유료 개방하는데 인기가 많으니 사전에 예약하는 것이 좋다. 무료로 이용할 수 있는 키즈 클럽에서는 자체 프로그램을 통해 1명의 어린이를 선정하고 저녁에 열리는 공연에 직접 참가시켜 가족 동반 투숙객에게 색다른 경험을 선사한다. 로비에는 3개 여행사가 배치되어 다양한 여행 상품 정보를 얻거나 예약을 할 수도 있다.

코타키나발루 시내에서 조금 멀리 떨어져 있다는 것이 유일한 단점이지만 반대로 시내와 멀기 때문에 자연을 벗 삼아 프라이빗한 시간을 보낼 수 있는 것이 위치의 단점을 충분히 커버해준다. 시내 주요 지점까지 셔틀버스를 운행하는데 편도나 왕복 상관없이 RM30이며 반드시 예약해야 한다.

위치 판타이 달리트 해변
주소 Pantai Dalit Beach, Tuaran
요금 딜럭스 가든 뷰 US$250
전화 088-327-888
홈피 www.shangri-la.com

샹그릴라 라사 리아 100배 즐기기

버드 워칭 Bird Watching

60여 종의 새를 관찰하고 10m 상공의 캐노피 워크웨이에서 모닝커피를 즐기자.
오픈 매주 월 · 수요일 06:30(약 2시간 소요), 2인 이상 가능
요금 1인 RM40(72시간 전 예약 필수), 망원경 대여료 RM15

정글 워크 Jungle Walk

가이드와 동행하며 버드 워칭 등의 과정이 포함되어 있다. 시간에 따라 다양한 코스가 있다.
오픈 매주 월 · 수 · 금 · 일요일 07:30, 15:30(약 2시간 소요)
요금 1인 RM40(72시간 전 예약 필수)

오랑우탄 만나기 Orang Utan

비디오를 통해 오랑우탄의 습성 등에 대한 사전 교육을 받은 후 산에 올라 오랑우탄을 직접 만날 수 있다. 생각보다 가까이에서 오랑우탄을 볼 수 있어 아이들에게 인기 만점이다.
오픈 매일 10:00, 14:00(약 1시간 소요)
요금 어른 RM50/65(투숙객/비투숙객), 6~16세 RM10(72시간 전 예약 필수)

나이트 워크 Night Walk

전문 가이드와 동행하며 야행성 동물을 만나볼 수 있다.
오픈 매주 화 · 목 · 토요일 19:00(약 1시간 소요)
요금 어른 RM20, 8~14세 RM10

가야 아일랜드 리조트

Gaya Island Resort

툰쿠 압둘 라만 공원에 속한 5개 섬 중에서 가장 큰 가야 섬에 있는 리조트다. 온전히 자연에 파묻혀서 휴양을 즐기기에 완벽한 곳으로 주로 허니문과 같은 커플 여행자들에게 인기가 높다. 총 객실 100개로 레스토랑과 스파, 짐, 수영장 등 부대시설을 풍부하게 갖추고 있으며 다채로운 액티비티도 경험할 수 있다. 뒤로는 울창한 산림, 앞으로는 푸른 바다가 그림같이 펼쳐진다. 코타키나발루에서 배를 타고 이동해야하는 불편함이 있지만 그래서 더 프라이빗하고 특별한 여행을 즐길 수 있다. 홈페이지를 통해 예약 시 제셀턴 포인트 페리 선착장에서 리조트까지 무료로 스피드보트를 이용할 수 있다.

위치 코타키나발루 제셀턴 선착장 또는 수트라 하버 리조트 내 전용 선착장에서 전용 보트로 15분
주소 Malohom Bay, Tunku Abdul Rahman Marine Park, Kota Kinabalu
요금 바유 빌라 RM1450, 코타키나발루 빌라 RM1650
전화 03-2783-1000
홈피 www.gayaislandresort.com

가야 아일랜드 리조트 100배 즐기기

스파 빌리지 Spa Village

리조트 내에 위치한 스파로 독립된 빌라에서 고급 스파를 경험할 수 있다. 말레이시아의 천연 재료들을 이용한 전통적인 스파가 많은 것이 특징으로 커플을 위한 스파 메뉴도 따로 있다. 말레이 마사지(80분/RM415)가 가장 무난하게 받을 수 있는 메뉴이며 아키 나발루(120분/RM650)도 추천한다. 키나발루 산을 감상하면서 스파를 받을 수 있는 파빌리온은 커플에게 특히 인기가 높다. 운영 시간은 09:00~21:00.

네이처 워크 Nature Walks

리조트에서 제공하는 액티비티로 천혜의 자연환경 속에 둘러싸인 리조트의 장점을 직접 경험할 수 있다. 자연 전문가와 함께 이른 아침 리조트 뒤의 울창한 숲을 걸으면서 자연을 가까이 느끼고 관찰할 수 있다. 사전 예약을 하는 것이 좋으며 간단한 선크림, 모자, 모기 퇴치제 등을 준비하는 것이 좋다.

타바준 베이 트립 Tavajun Bay Trip

가야 아일랜드 리조트의 프라이빗 비치, 타바준 베이(Tavajun Bay)로 비치 피크닉을 떠나 특별한 시간을 보낼 수 있는 프로그램이다. 배를 타고 5분 정도 달리면 나오는 아름다운 비치로 수상 스포츠를 즐길 수도 있고 간단한 식사를 즐길 수도 있다. 요청 시 푸른 바다를 보면서 예쁘게 세팅해주는 식사를 즐기는 호사를 누릴 수 있다. 마치 무인도로 피크닉을 온 것 같은 기분을 느낄 수 있어 허니무너들에게 특히 인기. 낮 12시부터 5시까지 운영하며 사전에 호텔에 예약을 해야한다.

STAYING

넥서스 리조트 앤 스파 카람부나이

Nexus Resort & Spa karambunai

코타키나발루 시내에서 30km 떨어진 북쪽의 카람부나이 반도에 아름다운 산림과 바다에 둘러싸여 있는 대규모 리조트이다. 세련되고 화려하기보다는 열대지방의 소박한 마을에 온 듯한 자연 친화적이고 정겨운 분위기가 마음을 편하게 만들어준다. 말레이시아 전통 가옥인 롱 하우스 구조로 해변이 보이는 오션 윙과 빌라

형식의 보르네오 윙, 단독 빌라 형식의 객실로 이루어져
있다. 스파 스위트 빌리지와 풀 빌라는 허니문에도 손색
이 없을 정도로 고급스럽고 안락한 시설을 자랑한다. 시
내까지의 거리와 비용이 만만치 않으므로 밖에서 시간
을 보내기보다 울창한 자연과 리조트 안에서 온전히 쉬
고 싶은 이들에게 어울리는 곳이다.

위치 코타키나발루 시내에서 자동차로 약 30분, 카람부나이
반도에 위치
주소 Off Jalan Sepangar Bay, Kota Kinabalu
요금 오션 파노라마 딜럭스 US$170~, 보르네오 가든 뷰
US$200~
전화 088-411-222
홈피 www.nexusresort.com

그랜드 보르네오 호텔

Grand Borneo Hotel

기존의 머큐어 호텔을 새 단장해 오픈한 곳이다. 그랜드 보르네오 호텔은 원 보르네오 내에 있는 호텔 중 노보텔 코타키나발루 원 보르네오와 함께 다른 호텔보다 한층 높은 수준을 자랑한다. 300여 개의 객실을 보유하고 있는데, 군더더기 없이 깔끔하고 심플한 느낌으로 가장 낮은 카테고리에도 평면 TV, 책상 등이 효율적으로 꾸며져 있다. 작지만 아기자기한 수영장도 이용할 수 있으며 조식당으로도 이용되는 레스토랑은 나름 분위기 있다. 조식은 그저 그런 편이지만 점심이나 저녁 메뉴로 내놓는 저렴하고 맛도 좋은 뷔페나 세트 메뉴가 많은 편이다. 저렴한 가격에 쾌적한 객실, 로비에서 바로 쇼핑몰로 통하는 최상의 구조 등이 그랜드 보르네오의 자랑이다.

위치 원 보르네오와 연결
주소 1 Borneo Hypermall Jalan UMS, Kota Kinabalu
요금 갤러리 룸 US$55~, 슈피리어 US$68~
전화 088-526-888
홈피 www.grandborneohotel.com

STAYING

붕아라야 아일랜드 리조트

Bunga Raya Island Resort

가야나 에코 리조트와 같은 계열의 리조트로 가야나가 그러하듯 주변 환경을 십분 활용한 똑똑하고 럭셔리한 리조트이다. 슈피리어, 딜럭스, 플런지 풀빌라, 트리 하우스, 2 베드 룸 빌라, 3 베드 룸 빌라 등 다양한 카테고리의 빌라가 자리하고 있으며 편리하고 모던함을 잃지 않으면서 자연 친화적이고 프라이빗한 느낌이 강하다.

위치 가야섬, 제셀턴 포인트 페리 선착장에서 10분
주소 Malohom Bay Gaya Island Tunku Abdul Rahman Park, Kota Kinabalu
요금 슈피리어 빌라 US$350
전화 088-380-390
홈피 www.bungarayaresort.com

STAYING

마누칸 아일랜드 리조트

Manukan Island Resort

마누칸섬 안에 있는 리조트로 통나무로 지은 집들이 숲 속의 산장에 놀러 온 것 같은 자연 친화적인 분위기다. 4가지 타입의 객실이 있으며 침실과 거실이 분리되어 있고 2 베드 룸이 대부분이라 아이가 있는 가족 여행자들이 특히 선호한다. 앞으로는 모래사장과 해변이 펼쳐지고 스노클링, 바나나 보트 같은 다양한 해양 스포츠를 충분히 즐길 수 있어 활동적인 여행을 원하는 이들에게 좋다. 요금에 따라 섬 입장료, 보트비 등의 포함 사항이 달라지니 예약 전 미리 체크하자.

위치 제셀턴 포인트 페리 선착장에서 10분, 마누칸섬
주소 Manukan Island Tunku Abdul Rahman Park, Manukan Island, Kota Kinabalu
요금 1 베드 비치 빌라 US$285~
전화 088-477-802
홈피 www.manukan.com/welcome.htm

STAYING

노보텔 코타키나발루 원 보르네오

Novotel Kota Kinabalu 1 Borneo

세계적으로 인지도 있는 아코르 계열의 호텔로 이름 값을 하듯 원 보르네오 주변의 호텔 중 가장 훌륭한 시설과 서비스를 자랑한다. 블랙 톤의 벽, 원목과 대리석이 적당히 어우러진 로비 분위기는 이곳이 추구하는 모던하고 절제된 콘셉트를 잘 드러낸다. 천장이 높아 답답한 느낌을 없앴으며 미니 폭포가 흐르는 수영장 또한 그다지 작지 않은 규모로 풀 바와 어우러져 한결 여유로운 분위기를 느낄 수 있다.

위치 원 보르네오 옆
주소 TB-00-01, 1 Borneo Hypermall, Jalan Sulaman, Kota Kinabalu
요금 스탠더드 US$80~
전화 088-529-888
홈피 www.novotel.com

STAYING

코트야드 호텔

Courtyard Hotel

156개 룸을 보유한 코트야드 호텔은 기본 카테고리인 코트야드, 발리니즈, 딜럭스 등 총 6개 카테고리로 구분되어 있다. 1개의 레스토랑과 1개의 라운지를 운영하며 로비와 24시간 편의점이 연결되어 편리하게 이용할 수 있다. 다만 수영장을 비롯한 별도의 부대시설이 없고 쾌적함 또한 부족한 편이다. 낮은 등급의 객실은 상당히 좁다는 것이 큰 단점이다.

위치 원 보르네오 옆
주소 G-800, 1 Borneo Hypermall, Jalan Sulaman, Kota Kinabalu
요금 코트야드 US$40~
전화 088-528-228
홈피 www.courtyardhotel1borneo.com

코타키나발루 제대로 즐기자!
베스트 투어 Best Tour

코타키나발루의 대표적인 액티비티는 자연을 느낄 수 있는 투어들이 주를 이룬다. 에메랄드빛 바다를 만날 수 있는 섬 투어와 동남아시아의 최고봉 키나발루 산은 가장 유명한 투어이며 신비로운 반딧불이 투어와 말레이시아 원주민 문화를 경험할 수 있는 마리 마리 투어도 인기다.

코타키나발루를 더욱 빛나게 해주는 5개의 섬,
툰쿠 압둘 라만 공원 Tunku Abdul Rahman Park

코타키나발루의 해안에서 불과 3~8km 정도 거리에 있는 5개 섬은 코타키나발루를 바다의 천국으로 빛나게 해주는 보석 같은 존재이다. 1923년 사바의 첫 번째 국립공원으로 지정된 툰쿠 압둘 라만 공원은 가야, 술룩, 마누칸, 사피, 마무틱 총 5개의 섬으로 이루어져 있다. 보트로 금방 닿을 수 있는 뛰어난 접근성, 아름다운 산호초, 맑은 바다와 아름다운 모래사장이 보존되어 있어 현지인과 관광객에게 꾸준한 인기를 모으며 코타키나발루 관광에 핵심 역할을 한다.

툰쿠 압둘 라만을 이루는 5개의 섬

• 사피섬

면적은 10ha로 작지만 깨끗한 백사장과 맑고 아름다운 바닷물 덕분에 인기 1위를 달리는 섬이다. 일일 투어로 가장 많이 들어가는 섬으로 스노클링과 시 워킹을 많이 한다. 섬 안에 간단히 요기할 수 있는 매점과 해양 스포츠 장비를 빌려주는 렌털 숍이 있다.

• 마누칸섬

사피섬과 더불어 관광객이 많이 찾는 섬이다. 마누칸 아일랜드 리조트가 있어 숙박도 가능하다. 가족여행객들이 많이 찾는다.

• 가야섬

5개 섬 중 가장 크며 아름다운 가야나 에코 리조트가 있다. 불리종 만(Bulijong Bay)에 깨끗하고 넓은 해변과 야자수가 어우러져 열대 분위기가 물씬 풍긴다.

• 마무틱섬

총면적 6ha로 가장 작은 섬이다. 기본적인 편의 시설은 갖추고 있으나 그다지 많이 찾지 않는 조용한 섬이다.

• 술룩섬

5개 섬 중 코타키나발루에서 가장 멀리 떨어져 있으며 편의 시설이나 개발이 부족해 관광객의 발길이 거의 닿지 않는 곳이다.

투어 예약하기

섬 투어를 빼고는 코타키나발루를 여행했다고 할 수 없을 만큼 코타키나발루를 대표하는 필수 관광 코스! 섬 투어는 크게 2가지 방법으로 나뉘는데 제셀턴 포인트 페리 터미널에서 개별적으로 보트를 타고 들어가는 방법과 현지 여행사의 패키지를 이용해 일일 투어로 즐기는 방법이 있다. 개별적으로 섬을 골라서 들어가는 방법이 가격면에서는 저렴하지만 투어 상품을 이용하면 스노클링에 필요한 도구와 점심 식사 비용 등이 포함되어 있어 투어 상품을 많이 선택하는 편이다.

• 제셀턴 포인트 페리 터미널

페리 터미널에 가면 약 10개의 카운터에서 티켓을 판매한다. 요금과 보트 운행 시간에 약간의 차이는 있으나 거의 비슷한 수준이므로 비교해보고 선택하면 된다.

• 시간

페리 터미널 → 섬 : 매일 08:30~16:30, 20분~ 1시간마다 섬으로 들어가는 보트 운항
섬 → 페리 터미널 : 12:00~17:00, 매시 정각에 페리 선착장으로 나오는 보트를 운항하므로 원하는 때에 보트를 타고 나오면 된다.

• 요금

	어른	어린이
섬 1곳 선택	RM23	RM18
섬 2곳 선택	RM33	RM23
섬 3곳 선택	RM43	RM28

※터미널 이용료(어른 RM7.2, 어린이 RM3.6)와 국립공원 입장료(어른 RM10, 어린이 RM6)는 선택하는 섬의 수와 상관없이 한 번 부과된다.
※투어에 일체의 장비가 포함되어 있지 않으며 대여를 할 경우 아이템당 RM10을 추가로 지불해야 한다.

여행사의 투어 상품

현지 여행사나 한인 여행사에서 대표적으로 인기 있는 사피섬, 마누칸섬으로의 일일 투어 상품을 판매하는데 투어에는 숙소 픽업, 바비큐 런치, 스노클링 도구 등이 포함되기 때문에 따로 준비할 필요가 없어 많이 선호한다. 여행사마다 포함 내용과 요금이 다르기 때문에 비교는 필수. 보통 1개 섬 투어가 RM150~180 정도. 일일 투어의 경우 수트라 하버 안에 있는 선착장에서 출발하며 이곳에 있는 시 퀘스트(Sea Quest)에서도 섬 투어는 물론 아일랜드 호핑과 다양한 해양 스포츠를 예약할 수 있다.

💬 TIP **사피섬 투어 엿보기**

맑은 물빛과 고운 모래사장으로 5개 섬 중 가장 큰 인기를 모으고 있다. 즐거운 사피섬으로의 일일 투어를 살짝 구경해보자!

보트를 타고 사피섬으로 고고씽

하얀 모래 사장과 새파란 바다에 감동!

셔터만 누르면 화보가 될 만큼 아름다운 사피섬

동남아시아의 최고봉,
키나발루 산 Mt. Kinabalu

말레이시아 최초로 세계문화유산으로 지정된 키나발루 국립공원의 면적은 자그마치 754km²에 이르는데 이는 싱가포르보다 큰 넓이이다. 저지대에 서식하는 오크, 각종 화목, 침엽수림부터 고산 목초지에 서식하는 희귀한 식물까지, 생태계의 천국이라는 말이 무색하지 않을 만큼 다양한 동식물이 서식하고 있다. 그 안에 보르네오의 절정이라 불리며 동남아시아에서 최고봉을 자랑하는 키나발루 산은 해발 4095.2m로 하늘을 찌를 듯 웅장하게 솟아 있다. 산의 정상은 화강암으로 이루어져 거친 모습을 뽐내며 날씨가 좋으면 삐죽하게 솟은 거대한 바위들을 산 아래에서도 관망할 수 있다. 7대륙 7대봉에 속하는 키나발루 산을 그냥 지나친다면 아쉬운 생각이 드는 것은 당연한 일이다. 꼭 정상에 오르지 못한다 해도 공원 내 천혜의 자연 속에서 키나발루 산의 정기를 받으며 여유를 즐기는 것만으로도 충분한 가치가 있다.

투어로 즐기기

키나발루 산에 많은 시간을 할애하기 힘들다면 현지 여행사들이 제공하는 일일 투어 상품을 이용해 편하게 키나발루 산 맛보기 정도의 여행을 즐기는 것도 좋다. 짧게는 일일 투어에서 산장에서 하룻밤을 보내는 1박 2일 코스까지 다양하며 투어의 종류에 따라 키나발루 산 관광, 노천 온천인 포링 온천, 하늘에 걸린 흔들다리에서 정글과 계곡을 체험할 수 있는 캐노피 워크웨이 등으로 이루어져 있다.

개별 가격 정보(어른/어린이)
입장료 RM15/RM10
슬라이드풀 RM3/RM1
캐노피 워크웨이 RM5/RM2.50
나비 농장 RM4/RM2
패키지(캐노피 워크웨이 & 나비 농장) RM7/RM3.5

예약 대행

마리 하우스 cafe.naver.com/rumahmari
수트라 하버 리조트 www.suteraharbour.com
킴스클럽 cafe.naver.com/kotakinabalukimsclub

숙박 시설

키나발루 산에는 저렴한 도미토리부터 대중적인 중저가 롯지, 고급 호텔 못지않은 럭셔리한 산장까지 다양한 숙소를 만나볼 수 있다. 이들 숙소는 단순한 숙박뿐 아니라 교통편과 식사 등 다양한 옵션이 포함되어 있는 합리적인 패키지 상품을 제공한다. 본격적인 산행을 즐기는 데 초점을 맞추고 숙소는 그다지 중요하지 않다면 상관없지만 가족 단위나 커플 여행자의 경우 패키지를 선택하고 가볍게 주변을 산책하는 것만으로도 충분히 매력적인 코스가 될 것이다.

수트라 생추어리 롯지 Sutera Sanctuary Lodges
전화 088-318-888 **홈피** www.suteraharbour.com

TIP **신비로운 라플레시아를 찾아서**

운이 좋다면 책과 TV에서만 보던 라플레시아를 이곳에서 직접 구경할 수 있다. 라플레시아는 1년에 고작 며칠만 꽃을 피운다는데, 사바에서 가장 큰 라플레시아는 폭이 무려 90cm에 이른다. 라플레시아는 포링 온천 근처의 포링 빌리지라는 사유지에서 구경할 수 있는데, 입장하려면 RM30 정도의 요금을 지불해야 한다.

전화 014-870-3166

에메랄드빛 바다에 매혹되다
만타나니섬 투어 Mantanani Island Tour

만타나니 섬은 사유지로 현재로서는 여행사의 상품을 이용해야만 입장할 수 있다. 눈이 부시도록 새하얗고 고운 모래와 에메랄드빛 바다를 갖추어 많은 현지인과 관광객이 스노클링, 스쿠버 다이빙 등의 해양 스포츠를 즐기거나 한가로운 휴식을 위해 찾는다. 일반적으로 오전 8시경 출발해 오후 6시경에 도착하는 스케줄이 대부분이다. 호텔로 픽업 차량이 오고 선착장까지 이동해 섬으로 들어가는데, 섬까지 이동하는 배가 스릴감을 느낄 정도로 심하게 흔들리니 수영복, 수건, 갈아입을 옷 등은 반드시 챙겨 가자. 섬에 도착한 후에는 스노클링이나 스쿠버 다이빙, 수영 등의 레저 활동을 선택해 즐길 수 있다. 이후 간단한 바비큐 메뉴의 점심 식사를 마친 후 섬 주변을 돌아보거나 잠시 휴식을 취한 후 호텔까지 다시 데려다주는 일정으로 진행된다. 만타나니섬 투어는 에이전시마다 조금씩 차이가 있지만 보통 스노클링을 할 경우 RM300~400, 스쿠버 다이빙을 할 경우 장비 일체를 포함해 RM600 정도로 만만한 가격은 아니다. 하지만 코타키나발루에서만 경험할 수 있는 소중한 기회를 놓치고 싶지 않다면 과감하게 시도해보는 것이 좋다. 특히 바글바글한 리조트에서의 시간에 지쳐 있거나 그림처럼 아름다운 무인도 해변에서의 망중한을 즐기고 싶은 사람, 말로만 들어보고 사진으로만 구경했던 에메랄드빛 해변이 어떤지 직접 눈으로 확인하고 싶은 사람이라면 반드시 만타나니섬 투어에 시간을 할애해보자.

요금 1인 RM300~
투어 문의 투어 말레이시아 tourmalaysia.co.kr

신비스러운 반딧불이를 찾아서
클리아스 반딧불이 투어 Klias Tour

코타키나발루에서는 천혜의 자연을 만끽할 수 있는 다양
한 투어를 경험할 수 있다.

반딧불이 투어는 주로 클리아스(Klias) 강에서 이루어지는
데 코타키나발루에서 110km 정도 떨어진 남쪽에 있으며
자동차로 약 2시간 걸린다. 이 강의 하류는 남중국해와
맞닿아 있으며 울창한 맹그로브 숲 사이로 원숭이와 반딧
불이 등 야생동물이 살아 숨 쉬는 신비스러운 생태계의
보고다.

반딧불이 투어는 배를 타고 강 주변을 돌며 원숭이들과
주변 생태를 관찰한 후 저녁 식사를 하고 완전히 날이 저
물면 시작된다. 정작 반딧불이를 보는 시간은 10~20분
남짓으로 나무 위의 반딧불이는 마치 크리스마스트리에
반짝이는 꼬마전구나 밤하늘의 별들이 나무 위에 내려앉
은 듯 가슴 설레는 멋진 풍경을 선사한다. 밝은 보름달이
뜨는 날이면 반딧불이를 볼 수 없으니 투어 전 반드시 날
짜를 확인해봐야 한다.

투어 시간 오후 3시경
소요 시간 약 8시간(왕복 시간 포함)
예산 어른 RM190, 어린이 RM140
투어 문의 마리 하우스 cafe.naver.com/rumahmari

가장 가까이 반딧불이를 만나는 기회
나나문 반딧불이 투어 Nanamun Fireflies Tour

나나문 반딧불이 투어는 코타키나발루 여행에서 꽤 인기가 높은 투어로 칠흑 같은 어둠 속에서 반딧불이를 관찰할 수 있다. 먼저 투어 차량을 타고 선착장으로 이동 후 스피드 보트를 타고 맹글로브 숲을 지나 야생의 긴 코 원숭이를 만나게 된다. 반딧불이들을 관찰할 수 있는 맹글로브 숲으로 이동해서 반딧불이들이 어둠 속에서 날아오는 신비로운 풍경을 감상할 수 있으며 가까이서 직접 만져볼 수도 있다. 다른 반딧불이 투어에 비해서 가장 가깝게 반딧불이를 관찰할 수 있어 인기가 높다.

투어 시간 14:00~21:30
소요 시간 약 7~8시간
예산 어른 RM180, 어린이 RM140
투어 문의 투어 말레이시아 tourmalaysia.co.kr

다양한 체험을 하고 싶다면
캘리 베이 투어 Kelly Bay Tour

여유롭게 배를 타고 캘리 베이를 감상할 수 있는 투어다. 바나나보트, 카약, 땅콩보트 등 해양스포츠도 무제한으로 즐길 수 있으며 말레이시아 전통 염색 방법, 바틱을 체험하는 특별한 추억도 만들 수 있다. 직접 그림을 그려서 만든 손수건은 기념으로 소장할 수도 있으며 말레이시아 원주민들이 독침을 쏴서 사냥을 했던 블로파이프 체험도 가능하다. BBQ 뷔페가 포함되어 있으며 해변에서 자유롭게 여유를 즐길 수 있는 시간도 가질 수 있다.

투어 시간 08:30~15:00
소요 시간 약 6시간
예산 어른 RM200, 어린이 RM170
투어 문의 투어 말레이시아 tourmalaysia.co.kr

두 가지 재미를 한 번에
만타레이 낚시 & 스노클링 Manta Ray Fishing & Snorkeling

코타키나발루에서 스노클링과 낚시를 함께 즐길 수 있는 투어이다. 먼저 제셀턴 선착장에서 보트를 타고 툰쿠 압둘 라만 공원으로 이동해서 스노클링을 할 수 있다. 투명한 바다 속에서 수중 세계를 탐험하며 스노클링을 즐긴 후 만타레이 지역으로 이동한 후 바다낚시를 시작하게 된다. 짜릿한 손맛을 즐길 수 있어 인기이며 직접 잡은 생선들로 푸짐하게 식사를 즐길 수도 있어 더욱 재미있다. 투어에는 식사가 포함되어 있으며 각종 해산물 요리와 직접 잡은 생선, 맥주 등 선상에서 푸짐한 식사를 즐길 수 있다. 구명조끼는 반드시 착용하도록 하고 스노클링을 할 때는 보트 근처에서 할 것을 추천한다.

투어 시간 09:00~14:30
소요 시간 약 5시간
예산 어른 RM380, 어린이 RM300
투어 문의 투어 말레이시아 tourmalaysia.co.kr

TIP **코타키나발루 투어 예약하기**

투어는 현지의 여행사나 호텔의 컨시어지 등을 통해서 예약할 수 있는데 한국인이 운영하는 여행사를 통해 미리 예약하는 것이 시간도 아낄 수 있고 생생한 후기도 직접 확인하고 결정할 수 있어 추천하는 방법이다. 반딧불 투어, 마무틱, 마누칸 호핑 투어, 키나발루 산 국립공원, 마리 마리 투어 등 코타키나발루의 대표적인 투어들을 예약할 수 있고 대부분 왕복 교통이 포함되어 있어 편리하다.

* 추천 한국인 여행사
투어 말레이시아 tourmalaysia.co.kr

이보다 즐거울 수 없다
마리 마리 투어 Mari Mari Cultural Village

말레이어로 '오라(Come)'는 의미인 마리 마리는 말레이시아 전통 체험을 제대로 해볼 수 있는 투어로, 짜임새 있는 스케줄과 재미로 인기를 누리고 있다. 특히 산과 바다로 거창하게 투어를 나가기 부담스러운 여행자도 편안하게 즐길 수 있다. 투어는 오전과 오후로 나누어 진행된다. 과거로 시간 여행을 온 듯한 느낌이 들 만큼 잘 꾸며진 원주민 마을에서 원주민과 함께 직접 요리도 하고 전통 술도 마시고 디저트를 맛보거나 실제 집에 들어가 둘러본다. 또 입으로 화살을 불어 과녁을 맞히거나 가옥 내에서 천장에 닿을 듯 점프하며 노래하는 전통 놀이도 함께 즐기는데 꽤 재미있다. 투어 말미에는 시원한 음료를 마시며 전통 공연도 즐길 수 있으며 스스로 만든 음식을 곁들여 식사를 한다.

투어 시간 10:00, 14:00, 18:00
소요 시간 약 4시간
예산 어른 RM160, 어린이 RM140
투어 문의 마리 하우스 cafe.naver.com/rumahmari
　　　　　 투어 말레이시아 tourmalaysia.co.kr

How to go
Kota Kinabalu

코타키나발루 여행 준비

D-50 말레이시아 알아보기

역사

1403년 스리비자야 왕국의 왕자인 파라메스와라 (Parameswara)는 믈라카 지역으로 건너와 믈라카 왕국을 세웠다. 이를 계기로 말레이 반도의 본격적인 역사가 시작된다. 그 후 1511년 포르투갈이 믈라카 왕국을 점령한 것을 시작으로 1641년 네덜란드의 점령, 1824년 영국의 보호령 시작, 1941년 일본의 점령 등 수많은 외세에게 간섭을 받았다. 말레이시아는 이 때문에 다양한 문화와 인종이 공존하는 다민족국가의 모습을 갖추었다. 1957년 싱가포르 자치령과 영국령 보르네오 섬을 합해 말레이시아를 이루었으며 1965년 싱가포르가 분리, 독립하면서 현재 말레이시아의 모습을 갖추었다.

위치와 지형

쿠알라룸푸르, 랑카위 등이 자리한 말레이 반도와 코타키나발루가 있는 보르네오섬 북부로 양분되어 있는데, 국토의 75%가 밀림과 습지대이다. 말레이 반도 쪽으로는 태국, 싱가포르와 보르네오섬 쪽으로는 인도네시아, 브루나이와 국경을 접하고 있다.

기후

열대기후로 연평균 기온이 21~32°C이며 평균 습도는 63~80%이다. 보통 11~2월까지는 우기, 3~10월까지는 건기에 속하지만 지역마다 차이가 있다.

물가

국민 소득 US$7000인 말레이시아는 동남아시아에서 싱가포르에 이어 2위를 달리는 경제적으로 안정된 나라이다. 술과 담배 이외에 여행객이 체감하는 물가는 상당히 낮은 편이다(섬 전체가 면세인 랑카위는 예외). 현지인처럼 로컬 식당을 이용하면 한 끼에 2000원이 넘지 않는 선에서 먹을 수 있을 만큼 음식 값도 저렴하다. 생활용품 또한 비록 질은 떨어지지만 한국에 비해 훨씬 저렴하다.

통화

말레이시아 통화는 링깃(Ringgit, RM)을 사용한다. 동전은 센 SEN이라고 하며 1링깃은 100센에 해당한다. 지폐는 100링깃, 50링깃, 10링깃, 5링깃, 2링깃, 1링깃으로 나뉘고, 동전은 50센, 20센, 10센, 5센, 1센의 5종류가 있다. 현재 2018년 7월 기준 환율로 1링깃은 278원 정도이다.

전화

시내전화는 보통 호텔 로비에서 무료로 사용할 수 있으며 유료로 걸 때도 저렴한 편이다. 국제전화는 국제전화용 카드나 신용카드를 이용해서 걸 수 있다. 한국 국가 번호는 82, 말레이시아 국가 번호는 60이다.

주요 지역 번호

쿠알라룸푸르(03), 조호바루(07), 믈라카(06), 페낭(04), 랑카위(04), 코타바하루(09), 코타키나발루(088), 쿠칭(082)

한국에서 말레이시아로 걸 때

국제전화 회사 식별 번호 001, 002, 00700 등을 누른 후 60 + 지역 번호(지역 번호 앞의 0을 뺀다) + 걸고자 하는 전화번호

> **예〉한국에서 코타키나발루로 전화 걸기**
>
> 번호 03 – 1234 – 5678
>
> → 001 – 60 – 8 – 1234 – 5678

말레이시아에서 한국으로 걸 때

001 + 82 + 2(지역 번호 앞의 0을 뺀다) + 걸고자 하는 전화번호

> **예〉코타키나발루에서 한국으로 전화 걸기**
>
> 번호 02 – 1234 – 5678
>
> → 001 – 82 – 2 – 1234 – 5678

인터넷

지역에 따라 차이는 있지만 말레이시아 대부분의 호텔에서는 무선 인터넷을 무료나 유료로 사용할 수 있다. 또 무선 인터넷을 사용할 수 있는 카페나 레스토랑이 점점 늘어나고 있어 노트북이나 스마트폰을 사용할 수 있다.

치안

종교 색이 강하고 치안이 좋은 편이라 살인이나 강도 같은 강력 범죄는 거의 일어나지 않는다. 하지만 가끔 방심한 여행자를 노리는 소매치기가 있으니 사람이 많은 곳을 방문할 때는 주의를 기울이는 것이 좋다.

전압

220V/50Hz로 한국의 전자 제품을 그대로 사용할 수 있지만 한국과는 다르게 구멍이 3개인 플러그를 사용한다. 따라서 변환 장치인 어댑터를 호텔에서 빌리거나 구입해서 사용해야 한다.

음식

중국, 말레이, 인도 등 말레이시아를 구성하는 다양한 민족의 음식 문화를 체험할 수 있다. 또 인접해 있는 태국, 인도네시아 요리도 쉽게 접할 수 있으며 식민지 시대부터 서양인의 출입이 잦았던 터라 영국, 이탈리아 등 서양식 레스토랑도 쉽게 눈에 띈다.

숙소

떠오르는 경제, 문화의 중심지인 말레이시아답게 눈길을 돌리는 곳마다 세계 굴지의 대형 호텔 체인에서부터 로지 형태의 저가 숙소까지 다양한 가격대의 숙소가 자리하고 있다. 숙박비는 다른 아시아 국가들보다 저렴한 편이다. 무조건 유명한 호텔을 선택하기보다는 여행의 목적과 예산에 맞게 숙소를 선택하고 접근한다면 만족도를 높일 수 있다.

D-50 여행 계획 세우기

여행 스타일 정하기

자유여행

말레이시아는 여행자들이 많이 찾는 관광지로 자유여행을 하기에도 큰 어려움이 없다. 간단한 영어는 대부분 통하며 말레이시아 사람들도 여행자에게 친절하고 관대한 편이다. 자유여행은 100% 자신의 스타일대로 여행을 계획하고 즐길 수 있어 여행자들이 가장 선호하는 여행 형태로 여행의 참맛을 즐길 수 있다.

에어텔 여행

'Airplane + Hotel'의 합성어로 항공과 숙박이 포함된 상품이다. 정해진 항공과 숙박 외 시간은 마음대로 자유여행을 즐길 수 있다. 항공 스케줄과 원하는 호텔이 포함되어 있고 가격도 합리적이라면 추천할 만하다.

패키지 여행

해외여행 초보거나 준비할 시간이 없다면 괜찮지만 원치 않는 옵션 투어를 하거나 쇼핑센터를 돌게 될지도 모른다. 이왕이면 자유여행으로 말레이시아의 매력을 느껴볼 것을 추천한다.

여행 기간 & 예산 짜기

여행 스타일을 결정했다면, 여행에 할애할 수 있는 시간과 기간에 맞는 대략적인 예산을 세워보자. 말레이시아는 우리나라에 비하면 지역별 차이는 있지만 물가가 저렴한 편이다. 여행에 소요될 총 예산을 미리 짜보고 환전할 금액도 산출해보자.

D-45 여권 만들기

비자

한국과 말레이시아는 무비자 협정을 맺어 관광이 목적이라면 비자가 필요 없으며 입국일로부터 90일간 체류할 수 있다. 비자 연장이나 그 외의 자세한 사항은 주한 말레이시아 대사관에 문의해야 하며 여권 유효기간이 6개월 미만이라면 말레이시아 입국이 제한될 수 있으므로 주의해야 한다.

주한 말레이시아 대사관
전화 02-2077-8600 **홈피** www.malaysia.or.kr

여권

여권은 여행하는 시기를 기준으로 기간이 6개월 이상 남아 있어야 한다. 여권을 새로 만들어야 할 경우, 필요한 서류를 구비해 발급 기관(지정된 구청과 도청 등)에 접수해 교부받는다.
2010년부터 전자 여권 발급이 시작되었는데 내장 IC칩에 모든 정보가 저장되어 있어 편리하다.

여권 발급 기관

여권은 외교통상부에서 주관하는 업무지만 서울에서는 외교통상부를 포함한 대부분의 구청에서, 광역시를 비롯한 지방에서는 도청이나 시구청에 설치되어 있는 여권과에서 편리하게 발급받을 수 있다. 인터넷 포털 사이트에서 '여권 발급 기관'을 검색하면 서울 및 각 지방 여권과에 대해 자세한 안내를 받을 수 있으니 가까운 곳을 선택해 방문하자.

복수 여권 유효 기간 10년으로, 기간 안에는 횟수에 제한 없이 입출국이 가능하다. 단, 18세 미만은 유효 기간이 5년으로 제한된다. 단수 여권 주로 군 미필자가 발급받는 여권으로, 유효 기간은 1년이며 기간 내에 단 한 번만 출국할 수 있는 1회용 여권이다. 일반인도 단수 여권 신청이 가능하다.

외교통상부 여권 안내 www.passport.go.kr

여권 발급 시 필요한 서류

1. 여권발급신청서 : 외교통상부 웹사이트에서 다운받거나 구청에 비치된 신청서를 이용한다.
2. 여권용 사진 2매 : 최근 6개월 이내 찍은 컬러 사진으로 귀가 노출되고 흰색 배경이어야 한다.
3. 주민등록증 또는 운전면허증 원본
4. 병역 관련 서류(병역 의무자에 한함), 여권발급동의서 (미성년자의 경우) 등

여권 발급 절차

① 여권 신청 서류(여권발급신청서와 사진 등)를 스캐너로 신청
② 여권 신청 서류 접수
③ 자동 시스템상 경찰청 신원 조사 등 여권 서류 심사
④ 심사를 마친 후 여권 제작, 여권 교부
여권 발급을 위해 소요되는 기간은 신규 발급과 재발급 모두 7일 정도이다. 비용은 전자 복수 여권(5~10년)은 5만3000원, 전자 단수 여권(1년 이내)은 2만원, 사진 부착식 단수 여권(1년 이내)은 1만5000원이다.

TIP **여권 유효기간과 여권 분실에 대해**

여행 전 꼭 여권 유효기간을 확인하자. 출국일 기준 유효기간이 6개월 미만으로 남아 있다면 관할 여권 발급 기관을 방문해 재발급을 신청해두어야 한다. 여행 중 여권을 분실하면 대사관이나 영사관에 가서 여행용 임시 증명서를 발급받아야 한다. 이때 여권 번호와 사진 2장이 필요하므로 예비로 준비해 가는 것이 좋다. 여권 복사본이 있으면 더 편리하니 복사본과 사진은 여권과 따로 여유 있게 준비해 보관하자.

D-40 항공권과 숙소 예약하기

여행 날짜가 확정되었다면 항공권을 예약해야 한다. 항공권은 빨리 예약할수록 요금이 저렴하지만 변경이나 취소 시에는 수수료가 추가되니 신중하게 날짜를 정하자.

항공권 예약

인천에서 말레이시아로 가는 노선은 대표적으로 말레이시아항공, 아시아나항공, 대한항공, 에어아시아 등을 들 수 있으며 이들 노선의 항공권은 직접 항공사의 홈페이지나 전화를 이용해 구매하거나 여행사나 구매 대행 사이트를 이용해 구매할 수 있다.

여행사나 구매 대행사를 이용하면 해당 항공사에서 구매할 때보다 좀 더 저렴한 가격에 구할 수 있다. 하지만 여유 좌석 확보가 어려워 대기해야 할 때가 많으며 일정 변경이 불가능하거나 마일리지 적립이 되지 않는 등 불리한 조건이 붙는 경우가 많으니 반드시 꼼꼼하게 확인해야 한다. 자세한 스케줄은 아래 각 항공사 홈페이지를 참고할 것.

> **TIP** 대표적인 항공사와 항공 예약 사이트
>
> - 말레이시아항공 www.malaysiaairlines.co.kr
> - 대한항공 kr.koreanair.com
> - 아시아나항공 www.flyasiana.com
> - 에어아시아 www.airasia.com
> - 탑항공 www.toptravel.co.kr
> - 온라인 투어 www.onlinetour.co.kr
> - 투어 익스프레스 www.tourexpress.com
> - 투어 캐빈 www.tourcabin.co.kr

숙소와 투어

영어로 된 국제 예약 사이트 이용

아고다(www.agoda.com), 부킹닷컴(www.booking.com), 호텔패스(www.hotelpass.com), 익스피디아(www.expedia.co.kr)등의 예약 사이트는 가격, 업무의 신속성, 신뢰도 면에서 좋은 평가를 받는 유명 예약 사이트다.

지역 전문 사이트 이용

코타키나발루몰(www.kotamall.co.kr)과 더 존 말레이시아(www.thezonmalaysia.com), 투어 말레이시아(www.tourmalaysia.co.kr)는 말레이시아 전문 사이트로 각종 항공권, 호텔 또는 여행 상품 등 다양한 예약에 대한 정보를 제공한다.

아고다

투어 말레이시아

부킹 닷컴

익스피디아

코타키나발루몰

호텔 패스

D-20 여행 정보 수집하기

온라인에는 가이드북에는 없는 여행자의 따끈따끈한 현지 정보가 있다. 실시간으로 정보가 변경된다는 것도 장점.

• 말레이시아 관광청

말레이시아 여행에 관한 전반적인 정보를 제공한다. 말레이시아의 다양한 최신 관광 소식과 이벤트 등을 확인할 수 있다.

홈피 www.tourism.gov.my

• 트립 어드바이저

전 세계 여행자들이 가장 많이 이용하는 리뷰 사이트. 인기 있는 호텔을 살펴보고 싶을 때 도움이 된다. 우리와 다른 시각이 많은 점에 유의하자.

홈피 www.tripadvisor.com

• 투어 말레이시아

전반적인 말레이시아 여행과 투어 등에 관한 정보를 공유하는 카페이다.

홈피 cafe.naver.com/worldmcpe

• 마이 말레이시아

말레이시아를 사랑하는 사람들의 커뮤니티로 생생한 여행 후기와 정보를 얻을 수 있다.

홈피 cafe.naver.com/mymalaysia

TIP 한국인이 운영하는 현지 전문 여행사 100% 활용하기

현지에서 즐길 수상 스포츠, 호핑 투어 등을 예약하고 싶다면 현지 전문 여행사에서 투어만 따로 예약할 수 있다. 한국인이 운영하는 현지 전문 여행사를 이용하면 의사소통도 쉽고 한국에서 미리 예약, 픽업 등을 정해놓고 갈 수 있어 시간도 절약할 수 있고 편리하게 이용할 수 있어 좋다. 투어는 물론 근교 지역 단독 투어, 호텔 예약 등도 가능하다.

홈피 투어 말레이시아 tourmalaysia.co.kr

D-10 면세점 쇼핑

해외여행 시에만 누릴 수 있는 특권이 바로 면세점 쇼핑. 출국 시에만 이용 가능한 곳으로, 한국에 돌아올 때는 국내 면세점 이용이 불가능하다는 점에 유의하자.

면세점 쇼핑 시 필요한 것

정확한 출국 정보(출국 일시, 출국 공항, 항공/편명)
와 여권.

면세점 상품 구매 가능 기간

면세점에 따라 출국일 1~2개월 전부터 구매 가능.

면세점 구매 한도

출국 시 내국인의 국내 면세품 구입 한도는 1인당
US$3000까지이나, 국내로 가져올 수 있는 반입 한
도는 면세점에서 구입한 물품과 해외에서 구입해 가
져오는 물품을 포함해 1인당 총액 US$600까지만 면
세 적용받는다. 즉, 1인당 US$600를 초과하는 물품

에 대해서는 입국 시 자진 신고하고 세금을 납부해
야 한다. 만약 초과되는 물품을 신고하지 않고 입국
하다 발각되면 세금 외에 가산세가 추가되고, 경우
에 따라 관세법에 따라 처벌받을 수 있다. 자진 신
고 시 물품 가격은 신고 금액으로 적용받을 수 있으
니 영수증을 챙겨두자. 자세한 사항은 인천공항세관
(www.customs.go.kr/airport) 참고.

면세점의 종류

출국 전 쇼핑이 가능한 면세점은 크게 네 가지이며,
시내 면세점과 인터넷 면세점은 구입 후 공항에서
수령하게 된다. 이때 구입한 영수증을 반드시 지참
해야 한다.

시내 면세점
직접 방문해서 물건을 보고 구입할 수 있다는 장점이 있고, 종종 구매 금액별 상품권 이벤트나 세일 등으로 더욱 저렴하게 살 수도 있다. 먼저 안내 데스크를 방문해서 VIP 카드를 발급받은 뒤 쇼핑하면 더 저렴하게 쇼핑을 즐길 수 있다.

인터넷 면세점
온라인으로 쇼핑할 수 있는 인터넷 면세점 쇼핑은 집에서도 간단하게 이용할 수 있어 편리하다. 각종 할인 쿠폰, 신규 가입 적립금 이벤트 등을 상시 진행해 더욱 알뜰하게 구입할 수 있다. 단점이라면 직접 물건을 보지 못한다는 것과 제한적인 상품만 쇼핑할 수 있다는 것. 쓰던 제품이 아니라면 오프라인 면세점에서 구경한 후 온라인으로 주문하는 것도 방법이다.

공항 면세점
출국 당일 공항 내 면세 구역에서 상품 구입과 동시에 바로 수령할 수 있다는 장점이 있으나 면세점 할인 폭과 상품 구색이 시내 면세점보다 적고 시간이 없을 때는 쇼핑을 제대로 즐기기 힘들다.

기내 면세점
항공사에서 운영하는 면세점으로, 비행기 안에서 책자를 보고 주문하면 쇼핑한 물건을 바로 받을 수 있어 편리하다. 인터넷으로 미리 주문할 경우에는 출발편과 도착편 항공기를 선택해서 수령할 수 있다. 하지만 판매하는 물품이 한정되어 있어 선택의 폭이 좁고, 인기 상품은 빨리 매진된다는 단점이 있다.

면세품 수령하기
시내 면세점과 온라인 면세점에서 구입 시 출국일 공항 안에 있는 면세품 인도장에서 수령하게 된다. 입국 심사를 마치고 난 후 면세 구역으로 들어가면 구입 시 받은 영수증과 여권을 제시해야 한다. 면세품 인도장의 정확한 위치는 교환권이나 공항 내 지도로 확인하자.

● 주요 면세점 정보

면세점	인터넷점
롯데면세점	www.lottedfs.com
신라면세점	www.shilladfs.com
신세계면세점	www.ssgdfs.com
동화면세점	www.dutyfree24.com
갤러리아면세점	www.galleria-dfs.com
그랜드면세점	www.granddfs.com
SM면세점	www.smdutyfree.com
신라아이파크면세점	www.shillaipark.com

D-5 환전하기

말레이시아 현지에서는 말레이시아 링깃(RM)을 사용한다. 한국에서 직접 말레이시아 링깃으로 바꾸어 가거나 미국 달러로 준비했다가 현지에 있는 환전소에서 링깃으로 환전하는 방법이 있다. 말레이시아 링깃으로 직접 환전할 경우, 은행에 방문하기 전에 전화로 링깃의 보유 여부를 체크하는 것이 좋다. 미국 달러나 엔화처럼 인기가 많은 외화가 아니기에 지점에 따라 충분히 보유하지 못하는 경우가 있어 허탕을 칠 수도 있기 때문이다. 미국 달러로 준비해 현지에서 링깃으로 환전할 때도 최소한의 금액, 공항에서 숙소까지의 차비와 도착 일자에 소비할 비용만큼은 링깃으로 준비해두는 것이 좋다. 또 팁으로 줄 1달러짜리 지폐, 호텔 디파짓(보증금) 등은 금액에 맞는 달러 지폐로 환전해 가면 유용하게 사용할 수 있다.

환전 우대 쿠폰 챙기기

검색엔진을 통해 검색하거나 해당 은행이나 각종 여행사의 홈페이지를 방문하면 환전 우대 쿠폰을 얻을 수 있다. 이 쿠폰을 인쇄해서 환전 시 제시하면 수수료를 할인받을 수 있다.

인터넷 환전

여행 날짜가 촉박하거나 은행을 방문하는 것이 힘들다면 인터넷 환전을 이용해보자. 거래 은행의 인터넷 뱅킹을 이용해 손쉽게 본인의 통장 잔고만큼 환전을 신청할 수 있다. 환전 후 수령증을 지참해 인천공항 내의 지점에 방문하면 돈을 받을 수 있다. 수령 장소는 환전 완료 후 안내가 나오며 문자 메시지로도 전송할 수 있다.

국제 신용카드 만들기

현지화를 도대체 얼마를 환전해야 하는지 감이 잡히지 않을 경우, 해외에서 사용할 수 있는 신용카드나 체크카드를 준비해 가자. 체크카드를 준비해 가면 현지에 있는 ATM에서 손쉽게 현지 통화로 인출할 수 있다. 단, 1회 인출 시 5000원 내외의 수수료가 부가된다. 따라서 인출 서비스를 이용할 때는 가급적 한 번에 많은 금액을 인출하는 것이 유리하다. 신용카드는 쇼핑을 하거나 호텔비, 고급 레스토랑을 이용할 경우 편리하다. 하지만 카드 정보를 도용당하는 등 좋지 않은 일을 겪을 수도 있으니 체계적인 시스템을 갖춘 쇼핑몰, 호텔 등에서 부분적으로만 사용하길 권한다.

현지에서 ATM 이용하기

막상 외국에 나가 낯선 언어가 적힌 기계 앞에 서면 당황하기 쉽다. 현지 ATM을 이용해 현금을 인출하는 방법을 간단히 살펴보자.

❶ 먼저, ATM에서 사용 가능한 카드인지 확인한다 (Visa, Master, Cirrus, Plus 등).
❷ 카드를 화살표 방향으로 밀어 넣는다.
❸ 언어를 선택한다.
❹ 비밀번호를 입력한다.
❺ 카드의 계좌 종류를 선택. 예금 계좌면 'Saving Account'를 누른다.
❻ 'Withdrawal'라고 적힌 현금 인출 버튼을 누른다.
❼ ATM 한도에 맞게 원하는 금액을 숫자로 입력한다.
❽ 현금을 수령한 후 영수증과 카드를 꼭 챙긴다.

※최근 말레이시아에 원화를 링깃으로 환전할 수 있는 곳이 늘어가는 추세이며 오천원권보다는 만원권, 만원권보다는 오만원권을 높은 환율로 쳐준다.

D-1 짐 꾸리기 & 여행자보험 가입하기

짐 꾸리기

짐 꾸리기는 여행 준비 중 가장 중요한 작업으로, 빠진 것이 없는지 체크해가면서 꾸리자. 짐은 최대한 간소하게 싸는 것이 좋으며 현지에서 쇼핑할 것을 감안해 가방을 너무 꽉 채우지 않도록 하자. 공항에서 자주 사용하는 여권, 항공권, 각종 바우처, 현금 등은 바로바로 꺼낼 수 있도록 트렁크가 아닌 작은 가방에 따로 넣어두자.

● 여행 필수품 체크리스트

여권과 여행 경비	여권, 비행기 전자 항공권, 여행 경비, 신용카드, 여권 사본과 예비 여권 사진
의류	더운 나라이므로 여름옷을 챙겨 가는 것은 물론이고 뜨거운 자외선과 강한 에어컨 바람을 막아줄 얇은 카디건이나 긴소매 외투도 챙기자.
수영복	해변에 갈 계획이 있거나 수영장이 있는 호텔이라면 반드시 수영복을 챙기자.
선글라스	뜨거운 자외선도 막고 패션에도 한몫하는 선글라스는 필수!
선크림	자외선을 막아줄 선크림은 필수. SPF가 높은 것으로 준비하는 것이 좋다.
세면도구	치약, 칫솔, 샴푸, 린스 등은 기본적으로 제공하는 곳도 있지만 질이 떨어지기도 하니 작은 사이즈로 준비하면 좋다. 렌즈 세정액, 식염수, 면도기, 화장품도 챙기자.
전자 제품	카메라(충전기, 메모리 카드), 노트북, 휴대폰, MP3
의약품	간단한 응급약(감기약, 지사제, 진통제, 소화제, 반창고), 모기 퇴치제, 생리용품

> **TIP** 기내 액체 물질 반입 제한
>
> ● 2007년부터 안전상의 이유로 국제선 탑승 시 액체 물질 기내 반입을 제한하고 있다. 100ml 이상의 액체와 젤 타입(화장품, 물, 식염수 등) 물품은 기내에 휴대하지 못하므로 100ml 이상의 물품은 반드시 트렁크에 넣어 수하물로 보내야 한다. 그 이하라면 밀폐 봉투에 담아 휴대하면 비행기에 가지고 탈 수 있다. 그러지 않으면 즉시 폐기 처리되므로 꼭 유의하자.
>
> ● 트렁크에 이름과 전화번호 등을 적은 꼬리표를 가방에 달아 다른 여행자가 착각해서 가져가지 않도록 하거나 리본을 매는 등 표시를 해두면 나중에 찾기도 쉽다.

여행자보험 가입하기

만약의 사고나 도난 등을 방지하기 위해 여행자보험을 들어두면 안전하다. 여행 중 병원에 가거나 상해를 입었을 때, 도난과 물품 파손 등 사고를 당했을 때 보상받을 수 있으며 비용은 여행 기간, 보상 금액, 보험 회사마다 차이가 있다. 사고가 발생했을 때, 현지 경찰서나 병원에서 사고 유무를 증빙하는 서류나 진료 확인증, 영수증을 받아두어야 추후 보상받을 수 있다. 대부분의 보험 회사에 여행자보험 상품이 있으며 온라인이나 공항에서도 가입 가능하다.

D-day 출국하기

국제선에 탑승하기 위해 공항에 갈 때는 시간적 여유를 두고 일찍 출발하는 것이 좋다. 일반적으로 초보자라면 출발 시간 3시간 전에 도착해야 공항에서 필요한 절차를 무리 없이 처리할 수 있다.

인천국제공항으로 가는 교통편

한국 최대의 국제공항인 인천국제공항. 이곳으로 가는 일반적인 방법은 공항버스와 공항철도를 통해 이동하는 것이다. 공항버스는 서울과 수도권은 물론 전국 각지에서 연결되어 가장 많이 이용하는 이동 수단이다. 공항철도는 서울역과 지하철 1·2·4·5·6·9호선과 연결되어 편리하게 이동할 수 있다.

• 공항버스
가장 보편적으로 이용하는 방법으로 일반 공항 리무진버스부터 고급 리무진버스, 시내버스, 시외버스 등을 이용해 인천국제공항으로 갈 수 있다. 인천국제공항 홈페이지(www.iiac.co.kr/airport/traffic/bus/busList.iia)를 참고하면 지역별 버스 노선과 요금을 확인할 수 있다. 지방행 버스는 인터넷 예매(www.airportbus.or.kr)가 가능하니 미리 웹사이트를 통해 체크하자.

• 공항철도
비교적 저렴한 요금으로 지하철과 서울역을 연계해 이용하기 편리하다. 서울역에서 출발해 공덕, 홍대입구, 디지털미디어시티, 김포공항, 계양을 거쳐 인천국제공항까지 간다. 일반열차로는 58분(4250원), 직통열차로는 43분(8000원) 걸린다. 아시아나항공·대한항공 이용객은 서울역에 위치한 도심공항터미널에서 탑승수속이 가능하다. 자세한 사항은 코레일 공항철도 홈페이지(www.arex.or.kr)를 확인하자.

• 승용차
이동 시 인천국제공항 고속도로를 이용하면 된다.

고속도로 통행 요금을 지출해야 하며, 자동차를 공항에 주차하려면 주차 비용을 내야 한다. 주차 관련 요금 확인은 인천국제공항 홈페이지(www.airport.kr)를 참고하면 된다.

김해국제공항으로 가는 교통편

김해국제공항은 주로 부산을 비롯한 경상도 지역의 여행자들이 이용하는 공항이다. 일반적으로 공항버스나 택시를 이용해 공항으로 가게 된다.

• 공항리무진
남천동, 해운대(1번 노선 : 해운대 특급 호텔–김해국제공항, 2번 노선 : 해운대 신시가자–김해국제공항) 서면, 부산역(충무동–남포동–연안여객터미널–중앙동–부산역–부산진역–서면 롯데 호텔–김해국제공항)

• 지하철
대저역(3호선) 또는 사상역(2호선)에서 공항역(부산–김해 경전철) 환승

TIP **겨울철 두꺼운 외투를 보관·택배 서비스해주는 시설**

• 한진택배 수하물 보관소: 동측(체크인 카운터 B)
전화 032-743-5804 **운영 시간** 06:00~22:00
• 대한통운 수하물 보관소: 서측(체크인 카운터 M)
전화 032-743-5306 **운영 시간** 07:00~22:00
• 크리스탈세탁소: 인천국제공항 교통센터 지하 1층 우리은행 뒤편
전화 032-743-2500 **운영 시간** 08:00~20:00

출국 절차

> 인천국제공항 도착 ➡ 카운터 확인 ➡ 탑승 수속,
> 짐 부치기 ➡ 세관 신고 ➡ 탑승구 통과 ➡ 보안
> 검색 ➡ 출국 심사 ➡ 면세 구역 ➡ 비행기 탑승

탑승 수속 카운터 확인

출발 층에 도착하면 먼저 운항 정보 안내 모니터에서 탑승할 항공사명을 확인한다. 항공사별로 알파벳으로 구분된 탑승 수속 카운터(A~M)를 확인하고 해당 카운터로 이동해 탑승 수속을 하면 된다.

탑승 수속과 짐 부치기

항공사 탑승 수속은 보통 출발 2시간 30분 전부터 시작된다. 탑승 수속은 항공 출발 시각까지 하는 것이 아니라 출발 40~50분 전에 마감되니 주의해야 한다. 카운터에서 여권과 예약 항공권(혹은 전자 티켓)을 제시하면 탑승 게이트와 좌석이 적혀 있는 탑승권(보딩 패스, Boarding Pass)을 받는다. 예약 항공권(혹은 전자 티켓)은 귀국편 수속에도 사용하니 잘 보관해야 한다. 짐을 부치고 나면 수하물 증명서(배기지 클레임 태그, Baggage Claim Tag)를 받는다. 만일 짐이 없어졌을 때 유일한 단서가 되니 짐을 찾을 때까지 수하물 증명서를 잘 보관해야 한다.

세관 신고

미화 1만 달러 이상을 소지하고 있다면 출국하기 전 세관 외환 신고대에서 신고하는 것이 원칙이다. 여행 시 사용하고 다시 가져올 고가품을 소지하고 있다면 '휴대 물품 반출 신고(확인)서'를 받아두는 것이 안전하다. 세관 신고할 물품이 없으면 곧장 국제선 출국장으로 이동하면 된다.

보안 검색

가까운 국제선 출국장으로 들어가 보안 검색을 받으면 된다. 이때 여권과 탑승권을 제시해야 하며 검색대를 통과할 때는 모자를 벗고 주머니도 모두 비우고 가방 등을 엑스레이로 투시하며 통과하게 된다. 화장품이나 음료수 등의 액체나 젤, 칼 등의 물품은 압수당할 수 있으니 주의해야 한다.

출국 심사

보안 검색대를 통과하면 바로 출입국 심사대가 나온다. 여권과 탑승권을 제시하고 출국 심사를 받고 통과하면 된다.

면세 구역

출국 심사가 끝나 여권에 도장을 받으면 형식적으로는 한국을 떠난 셈이 되며 세금을 내지 않고 쇼핑할 수 있는 면세 구역에 들어서게 된다. 한국에 들어올 때는 이용하지 못하는 면세점이니 필요한 물건은 여기서 미리 사두자. 또 시내 면세점이나 인터넷 면세점을 통해 구입한 물건이 있다면 면세 구역 내의 면세점 인도장에서 전달받는다.

> **TIP** **자동 출입국 심사(Korea Automated Immigration Clearance)란?**
>
> 2008년 6월부터 실시한 자동 출입국 심사는 사전 등록제로 보다 신속하고 편리한 출입국 심사 제도이다.
> - 이용 대상: 17세 이상 한국인, 법무부에 등록한 승무원
> - 이용 기간: 여권 만료 전일까지
> - 등록 절차: 여권 소지 → 등록 센터 방문(인천국제공항 3층 체크인 카운터 F 구역 옆) → 신청, 심사 → 지문 등록, 사진 촬영
> ※자세한 사항은 대한민국전자정부(www.hikorea.go.kr) 참고

비행기 탑승

항공기가 대기하는 탑승구(Gate)에는 적어도 출발 시간 30분 전까지 도착해야 한다. 공항이 크고 가끔 변경 사항도 있어 탑승구까지 시간이 많이 걸릴 수도 있다. 특히 외국 항공사를 이용한다면 셔틀 트레인을 타고 이동해 별도의 청사에서 보딩하기 때문에 게이트까지 이동 시간을 여유 있게 잡아야 한다.

INDEX

코타키나발루

미니 ✕ **100**배 즐기기

초판 1쇄 2016년 11월 23일
초판 7쇄 2019년 6월 5일

지은이 한혜원 · 박진주

발행인 양원석
본부장 김순미
편집장 고현진
제작 문태일, 안성현
영업마케팅 최창규, 김용환, 양정길, 이은혜, 신우섭, 김유정
　　　　　　 조아라, 유가형, 임도진, 정문희, 신예은

펴낸 곳 (주)알에이치코리아
주소 서울시 금천구 가산디지털2로 53 한라시그마밸리 20층
편집 문의 02-6443-8891 **구입 문의** 02-6443-8838
홈페이지 http://rhk.co.kr
등록 2004년 1월 15일 제 2-3726호

ISBN 978-89-255-6060-1(13980)